胜在微习惯

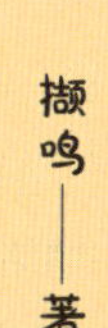

撷鸣——著

人民邮电出版社
北京

图书在版编目（CIP）数据

胜在微习惯 / 撷鸣著. -- 北京 : 人民邮电出版社, 2025. -- ISBN 978-7-115-66788-5

Ⅰ. B842.6-49

中国国家版本馆 CIP 数据核字第 2025VE2477 号

内容提要

想早睡早起却坚持不下去？做作业总是拖拖拉拉？做什么事都是“三分钟热度”？戒不掉手机和平板电脑？学习不自律？孩子在成长过程中总会遇到这样或那样的习惯难题。

孩子之间的差距往往体现在习惯上。让孩子优秀的，不是大道理，而是小习惯。本书围绕 4 个习惯维度，32 个习惯难题，帮助孩子激发内在行动力，提升抗挫力和自控力，学会时间管理和情绪管理。

本书不仅为孩子提供全面的成长指南，还为家长提供专业建议，帮助孩子养成良好的习惯。书中方法实用易于操作，语言通俗易懂，配有生动有趣的漫画，更易于孩子理解和接受。

◆ 著　撷　鸣
责任编辑　陈　宏　张悦阳
责任印制　彭志环
◆ 人民邮电出版社出版发行　　北京市丰台区成寿寺路 11 号
邮编 100164　电子邮件 315@ptpress.com.cn
网址 https://www.ptpress.com.cn
河北翔驰润达印务有限公司印刷
◆ 开本：720×960　1/16
印张：9　　2025 年 5 月第 1 版
字数：80 千字　　2025 年 5 月河北第 1 次印刷

定　价：49.80 元

读者服务热线：（010）81055656　印装质量热线：（010）81055316
反盗版热线：（010）81055315

前言

用微习惯开启成长的魔法盒子

亲爱的小朋友：

当你打开这本书的时候，就好像打开了一扇通往魔法世界的大门。在这个世界里，藏着许多神奇的宝藏，而这些宝藏就是一个个小小的“微习惯”。你可能会问：“微习惯是什么呀？”别着急，让我慢慢告诉你。

你有没有遇到过这样的情况？你很想把房间收拾得干干净净，可每次总是收拾了一半就放弃了；你答应家长每天要练字，但过不了几天就忘记了。这些时候，你是不是觉得有点沮丧，甚至觉得自己做不到呢？其实呀，这些都不是因为你不够聪明或者不够努力，而是因为你还没有找到正确的方法。

这本书会用简单又有趣的方式，带你走进微习惯的世界。微习惯就像种在花园里的小种子，虽然看起来很小，但只要每天浇浇水、施施肥，慢慢地，它就会生根发芽，开出美丽的花朵。比如，每天睡前读几页书，让知识悄悄积累；每天坚持做几项简单的运动，让身体变得更健康。这些看起来微不足道的小事，其实都有大大的魔力哦！

在这本书里，你会遇到不敢当众表达自己的悠悠，还有不愿自己整理书包的小雨。他们也遇到了很多类似的问题，但是通过一点点的小改变，他们都变得越来越棒啦！书里有32个好玩的漫画故事，每个故事都会教你一个小妙招，帮你解决成长中的小烦恼。你会发现，原来那些让自己头疼的问题，其实都可以用简单的小习惯来解决。

这本书也是爸爸妈妈的好帮手。它会告诉爸爸妈妈们，怎样用简单又有效的方法帮助孩子养成好习惯。

成长就像一场奇妙的冒险，而微习惯就是你手中的一把神奇的钥匙。它能帮你打开一扇扇通往成功的大门，让你在冒险中收获勇气、自信和快乐。现在，就让我们一起翻开这本书，用微习惯开启成长的魔法盒子吧！

目录

第一章 学习小达人的 8 种微习惯

第二章　社交小达人的 8 种微习惯

第三章　情绪管理小达人的 8 种微习惯

第四章　独立生活小达人的 8 种微习惯

第一章

学习小达人的
8 种微习惯

01 拒绝拖延，我不“磨洋工”

学习如同长跑比赛，不怕速度慢，就怕在中途停下，最忌讳“磨洋工”。“磨洋工”就像在赛道上缓慢踱步，看似忙碌，其实在做“无用功”。高效专注是冲刺的关键，它能帮助你快速抵达终点。让我们改掉拖延的坏习惯，开启一段高效的学习旅程。

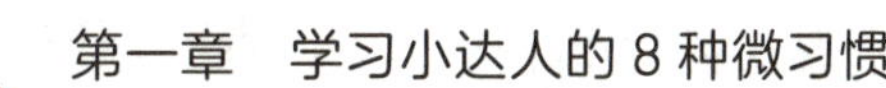

场景：小雨家书房

人物：小雨、妈妈

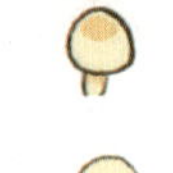

小雨坐在书桌前，面前摊开着课本。已经晚上十点了，他却还在一边玩橡皮，一边装模作样地预习课文。这时，妈妈轻轻推开门，看到这一幕，不禁皱起了眉头。

“小雨，你怎么还没写完作业呀？”妈妈有些着急地问道。小雨无奈地叹了口气，回答：“我也不知

道怎么回事，作业那么多，怎么都写不完啊！”

“磨洋工”确实是小雨的一个坏习惯。学习的关键往往不在于时间的长短，而在于效率的高低。从学习效果来看，小雨虽然花费了大量时间，但由于注意力不集中，一边玩一边学，真正能够吸收的知识非常有限。长时间的低效学习还导致他休息不足，他每天都感到疲惫不堪，上课时也提不起精神，逐渐陷入了恶性循环，甚至开始厌学。

妈妈看着垂头丧气的小雨，认真地说：“小雨，我们得想个办法，提高学习效率。”于是，妈妈和小雨商量，以后不管是否完成作业，晚上九点半都必须结束学习。小雨点头答应了。

从那以后，小雨逐渐养成了专注学习的好习惯，不再做无用功。他明白了一个道理：高效学习远比长时间的低效努力更能带来收获。

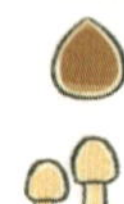

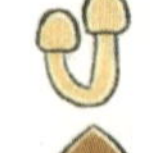

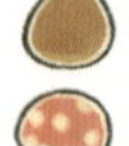

小结

在学习的时候，保持专注是非常重要的。当我们专注于学习时，思维会更加敏捷。有了时间限制，小雨开始认真规划每一项作业的时间，不再一边写一边发呆或者做其他不相关的事。经过一段时间的调整，他基本上都能保证在晚上九点半之前完成作业。小雨摆脱了“磨洋工”的坏习惯，不仅学习效率提高了，他还能有足够的时间休息和放松，确保第二天以饱满的精神状态投入学习。

蚓无爪牙之利，筋骨之强，上食埃土，下饮黄泉，用心一也。

——《荀子·劝学》

解读

蚯蚓虽然没有锋利的爪牙和强健的筋骨，却能上食泥土，下饮泉水，这是因为它用心专一。这句话告诉我们做事要专注。

02 我有一本错题本

谁都会做错题，重要的是及时复盘。有了错题本，我们可以及时弥补知识漏洞，找到自己的薄弱环节，为今后的学习奠定坚实的基础。

场景：学校教室

人物：果果

期末考试的脚步越来越近，同学们都在紧张地复习。课间休息时，果果的同桌偶然瞥见果果的桌上放着一本设计独特的本子，上面写着“错题本”三个大字。

“果果，这是你自己制作的错题本吗？”同桌好奇地问。

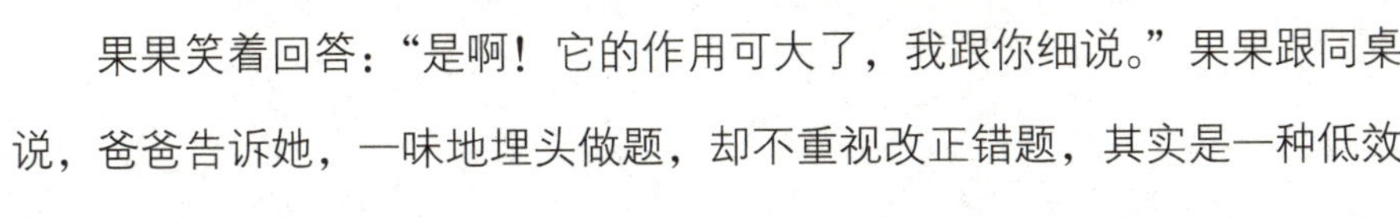

果果笑着回答：“是啊！它的作用可大了，我跟你细说。”果果跟同桌说，爸爸告诉她，一味地埋头做题，却不重视改正错题，其实是一种低效

的学习方法。学习就像盖房子，每一个知识点都是一块砖。如果我们在盖房子的时候，不挑出歪的、有问题的砖，那么房子迟早会出问题。做题也是这样的，错题其实就是我们学习过程中的漏洞，如果不及时修补，这些漏洞就会越来越多。不知道自己的薄弱环节在哪里，盲目地“刷”再多新题，也只能在原地踏步，很难取得进步。

果果翻开错题本，耐心地向同桌解释道：“你看，我把每次作业和考试中的错题都整理在这里，还详细分析了错误原因，写下正确的解题思路。这样，在复习的时候，我就能清楚地知道自己在哪些地方掌握得不好，重点攻克这些难题。”同桌听后，恍然大悟，不禁点头称赞。

在果果的带动下，越来越多的同学开始使用错题本，学着通过复盘错题来提升自己的能力。

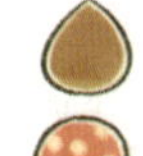

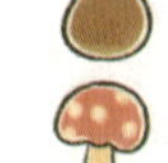
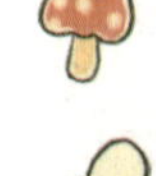

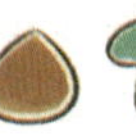

小结

像果果这样经常复盘错题，对学习有很大帮助。通过复盘错题，我们可以清楚地看到自己学习的轨迹，每一次复习错题，都是一次查漏补缺的过程，能让我们进一步巩固薄弱的地方。随着不断地复盘，我们会逐渐找到窍门，举一反三，下次再遇到类似的题目，就能轻松应对了。

知不足，然后能自反也；知困，然后能自强也。

——《礼记·学记》

解读

知道不足，然后能自我反省；知道困惑，然后能自我加强。这句话强调了要通过反省错误和回顾总结来提升自我。

03 玩手机有节制

手机既可以是学习的得力助手，也可能让我们沉迷其中，关键在于如何使用它。只有适度、合理地使用手机，才能够帮助我们获取知识、放松身心，提高完成各项任务的效率。

场景：大宝家
人物：大宝、大宝爸爸

大宝

暑假的日子里，大宝家的客厅里常常能看到这样的场景：大宝坐在沙发上，眼睛紧紧盯着手机屏幕，一玩就是好几个小时。

一天，爸爸下班回家，看到大宝又在玩手机，忍不住开口说道：“大宝，你玩起手机来没有节制可不行啊。”大宝头也不抬，敷衍地应了一声：“知道啦，爸爸。”

爸爸坐在大宝身边，语重心长地说："大宝，玩手机可以，但要有节制，看的内容也要有选择。"爸爸耐心地劝说了大宝一番，大宝觉得爸爸说得很有道理，就和爸爸做了约定，包括每天规定看手机的时间，而且尽量选择一些适合他看的内容。比如，科普类的视频可以让大宝足不出户就能够了解宇宙的奥秘、自然的神奇；知识讲解类的视频可以帮助大宝巩固课堂上学到的知识，拓宽知识面。

从此以后，在暑假期间，大宝每天都固定在完成作业后的时间段看手机，他不再沉迷于各种游戏，而是看一些有趣的科学实验视频和历史故事讲解。通过这些视频，他学到了很多在课本上学不到的知识，和同学们聊天时也能侃侃而谈，分享自己的新收获了。

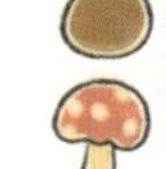

小结

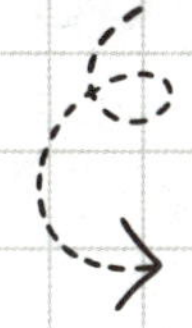

像大宝这样沉迷于手机有很多害处。首先，是对身体有伤害，眼睛长时间盯着手机屏幕，极易疲劳，视力会受到严重影响。大宝这段时间总觉得眼睛酸胀，看东西也有点模糊，这就是过度用眼的危险信号。其次，一直保持坐着或躺着玩手机的姿势，可能引发颈椎、腰椎等方面的问题。最后，从学习和成长方面来看，沉迷于手机会占用大量时间，让大宝无心学习新知识，没时间阅读有趣的课外书。原本可以用来提升自己的宝贵时间，都被浪费在了手机游戏上。这样会让大宝学习成绩下滑，错过许多成长进步的机会。

玩人丧德，玩物丧志。

——《尚书·旅獒》

解读

戏弄他人会让人丧失道德，沉迷于玩赏无益的器物会让人丧失进取之心。这句话告诫人们不要过度沉迷于娱乐，否则会失去更重要的东西。

04 书桌整洁不凌乱

书桌是我们学习的专属空间，如果桌面过于凌乱，自然会影响学习效率。一张整洁的书桌，就像一片宁静的港湾，能够让我们的情绪更加稳定，快速找到所需物品，从而更加快速地进入学习状态。

场景：娜娜家书房

人物：娜娜、娜娜妈妈

娜娜的书桌总是非常杂乱，玩具和画笔混在一起，书本也东倒西歪地散落着。每次学习时，她都要花费不少时间在这堆杂物中翻找需要的东西。

一天晚上，妈妈走进娜娜的房间，看到凌乱的书桌，不禁皱起了眉头，说："娜娜，你的书桌太乱了，这可不行啊。"娜娜一边翻找作业，一边着急地回应："妈妈，我也知道这样不好，每次找东西都要花很长时间，但我也拿自己没办法啊！"

妈妈决定帮助娜娜改变这个坏习惯。她耐心地对娜娜说："我们一起把书桌整理干净吧，更重要的是，以后每天都要保持整洁。"在妈妈的帮助下，娜娜开始行动起来，很快，书桌就变得整洁了。

面对整洁的书桌，娜娜的心情特别愉悦，她一坐下就能迅速进入学习状态。书本和文具都摆放得整整齐齐，各类物品一目了然，娜娜再也不用为找东西而烦恼，学习效率也因此提高了。其实，妈妈还有更深层的考虑：保持书桌整洁有助于培养娜娜自律和有条理的好习惯，这种习惯会影响她的整体状态。在整洁的环境中学习，娜娜会更加专注，思维更加清晰，从而更好地理解和掌握知识。

渐渐地，娜娜养成了保持书桌整洁的好习惯。她发现，自己在学习上变得更加轻松、有序，成绩也有所提高。

小结

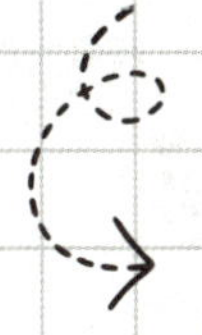

有些同学可能认为，书桌乱一点不是什么大事，但实际上，它会带来许多负面影响。书桌上的物品杂乱无章，我们找一本书或一支笔都要耗费大量时间，原本可以用来学习的时间，就这样被浪费在翻找物品上了。举个例子，考前复习时，你急需用一本练习册，却因为书桌太乱而找不到，不仅耽误了宝贵的时间，还会让人心烦意乱，影响学习状态。

一屋不扫，何以扫天下

陈蕃年轻时，曾经独自住在一间屋子里，庭院和房间都非常脏乱。他父亲的朋友薛勤来访，看到屋内杂乱，便问他为何不打扫。陈蕃回答："大丈夫处世当扫天下，安事一屋乎！"薛勤听了，知道他有澄清天下的志向，又提醒他："一屋不扫，何以扫天下？"。

解读

"一屋不扫，何以扫天下？"这句话后来被广泛引用，用以告诫人们要从小事做起、注重细节。

05 学会时间管理，高效利用每一分钟

时间是我们最宝贵的资源。如果不做好时间管理，就很容易陷入忙乱和低效的状态。会做时间管理的人能够合理规划任务、分清主次、提高效率，让每一分钟都发挥出最大的价值。

场景：学校教室

人物：乐乐、班主任王老师

教室里，一场别开生面的学习分享会正在热烈进行中。班主任王老师微笑着站在讲台旁边，目光扫过每一位同学，说道：“同学们，今天我们来分享一下自己的学习技巧和经验，希望大家能互相学习，共同进步。”

同学们纷纷踊跃发言，分享各自的学习小窍门。轮到乐乐时，他自信地站起来说：“我想和大家分享一下我在时间管理上的心得。”

“我以前在学习时从不规划时间，这可不是好习惯。”乐乐认真地说，“每天的学习任务很多，如果不合理安排时间，很容易顾此失彼。比如复习时，如果我没有明确的时间计划，可能会在某一科目上花费过多时间，导致对其他科目复习不足。等到考试临近，我们才发现还有很多内容都没有掌握，只能临时抱佛脚，效果自然不理想。”

“时间管理真的很重要。”乐乐继续说道，“我们可以把每天的学习任务列成清单，按照重要性和紧急程度排序，优先完成最重要的任务。比如，我会在上午精力最充沛的时候学习数学，因为这类科目需要更多的思考和专注；而在下午或晚上，我会安排一些记忆类的任务，比如背诵英语单词或古文。”王老师微笑着点头，对乐乐的话表示认可。

“规划、执行、反思是时间管理的三个关键步骤。”王老师总结道，“通过规划，我们可以明确每天的目标和任务；通过执行，我们可以专注于当下，避免拖延；通过反思，我们可以总结经验，不断优化时间安排。”

同学们听了乐乐的分享，纷纷表示很有收获，明白了做好时间管理是提高学习效率的重要法宝。从那以后，班级里越来越多的同学开始重视时间管理，他们的学习效率也显著提高了。

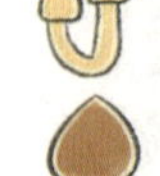

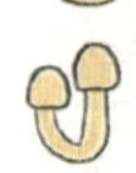
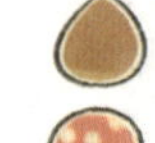

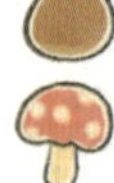
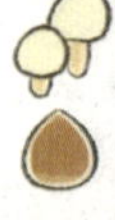

小结

做好时间管理，不仅是为了完成更多任务，更是为了培养一种良好的学习习惯。让我们从今天开始，合理规划时间，高效利用每一分钟吧！

子在川上曰："逝者如斯夫，不舍昼夜。"

——《论语·子罕》

解读

孔子站在河边感叹："时间就像这流水一样，日夜不停地流逝。"时间一去不复返，这句话提醒人们要珍惜时间。

06 能自主做好学习规划

许多同学把学习当作不得不完成的任务，缺乏规划，没有主动性。主动做好学习规划，不仅能提高学习效率，还能培养自律能力，让自己拥有更多时间去做喜欢做的事情。

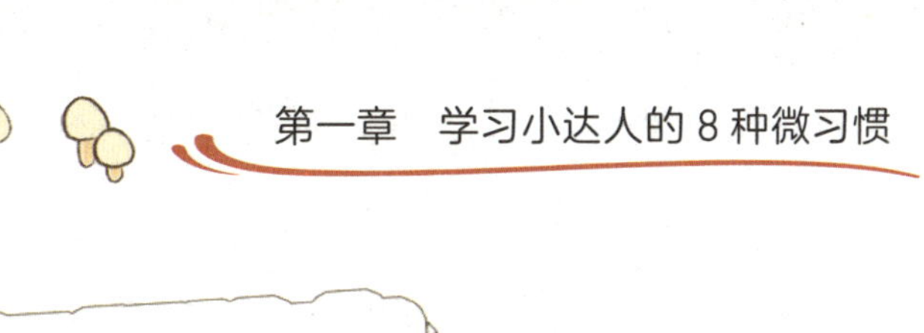

场景：悦悦家

人物：悦悦、悦悦爸爸

放学后，悦悦回到家，像往常一样瘫在沙发上玩起了手机。晚饭后，她才慢悠悠地坐到书桌前，翻开书本，却不知道该从哪里开始学习。爸爸实在忍不住了，皱了皱眉头说："悦悦，你学习怎么总是这么随意？没有计划可不行啊。"悦悦挠了挠头，有些不好意思地低下了头。

像悦悦这样学习没有规划，很容易陷入低效的状态。比如，复习时没有明确的目标，可能会"东一榔头西一棒槌"，结果什么都没掌握牢固。

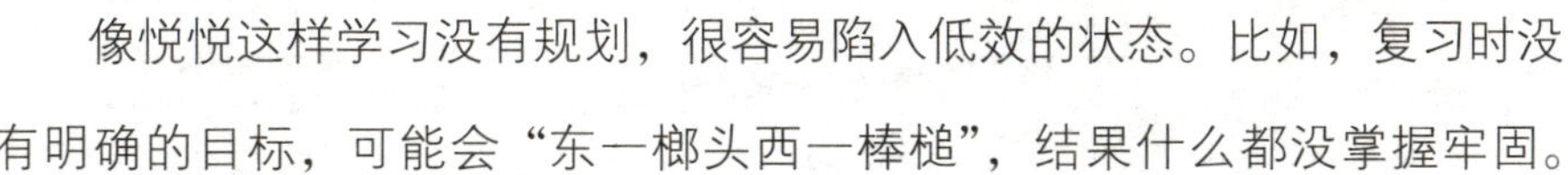

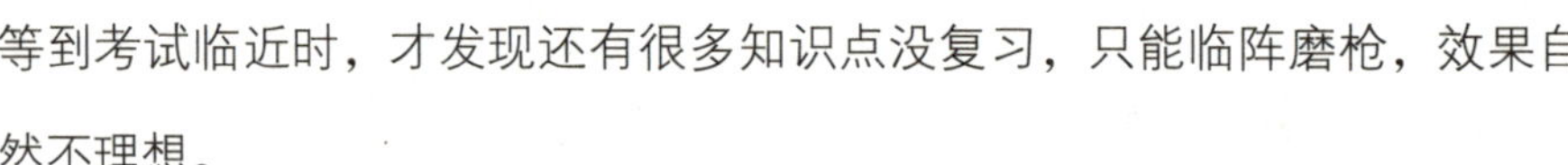

等到考试临近时，才发现还有很多知识点没复习，只能临阵磨枪，效果自然不理想。

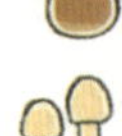

爸爸坐下来，耐心地对悦悦说："学习需要规划。你可以每天给自己定一个小目标，比如今天复习数学的几何部分，明天背诵英语单词。有了目标，学习就会更有方向感。"悦悦听了爸爸的话，若有所思地点了点头。

悦悦按照爸爸的建议，开始尝试制订学习计划。她发现，有了计划后，做事变得有条理了，学习效率也提高了不少。每天完成任务后，她还能有时间看自己喜欢的科普书呢。

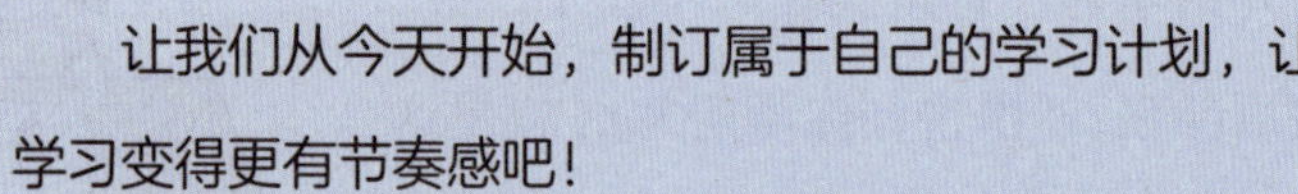
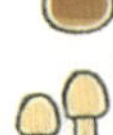

小结

让我们从今天开始，制订属于自己的学习计划，让学习变得更有节奏感吧！

07 睡前背单词，让潜意识帮我学习

睡前的大脑就像一块海绵，睡前背单词不仅有助于入眠，还能让大脑在睡梦中完成加工记忆的工作，帮助我们吸收知识。

场景：乐乐家卧室
人物：乐乐、乐乐爸爸

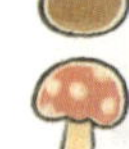

夜幕降临，乐乐的卧室里却热闹非凡。乐乐在床上一会儿玩玩具，一会儿大声唱歌，完全没有要睡觉的样子。

时间已经很晚了，乐乐依然毫无睡意。爸爸走进房间，看着兴奋的乐乐，无奈地说：“乐乐，睡前别太兴奋，不然很难睡着。”乐乐却不以为然，

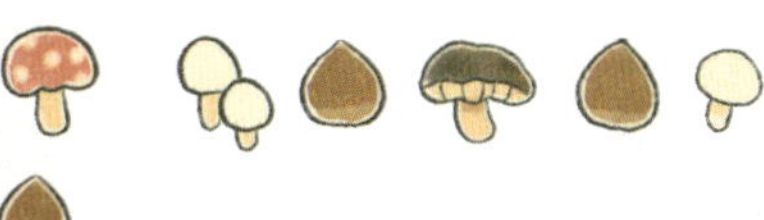

依旧沉浸在自己的欢乐中。

爸爸坐到乐乐床边，耐心地说："乐乐，爸爸教你一个好办法，睡前背背单词，说不定既能帮你入睡，还能让你记得更牢呢。"乐乐听了，半信半疑地看着爸爸。

爸爸给乐乐讲解了几种辅助入睡的方法，尤其是睡前背单词。在背诵单词的过程中，大脑会逐渐从兴奋状态过渡到平静状态，这有助于放松身心，快速入眠。而且，当我们入睡后，大脑会对睡前学习的知识进行巩固和强化。因此，睡前背单词能让我们记得更牢。

乐乐按照爸爸的方法，安静地躺在床上背诵单词。不一会儿，困意袭来，他进入了梦乡。第二天醒来，他发现那些睡前背过的单词依然记得清清楚楚。从那以后，乐乐养成了睡前背单词的好习惯，不仅睡眠质量提高了，学习也变得更轻松了。

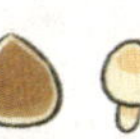

小结

睡前进行剧烈运动，不利于我们进入睡眠状态。这是因为剧烈运动后，身体处于兴奋状态，心跳加速，血液循环加快，大脑也难以平静下来。像乐乐这样神经一直处于紧绷状态，即使躺在床上，也难以快速进入睡眠状态，导致入睡时间延迟，睡眠质量变差。长期如此，会影响第二天的精神状态，让人感到疲惫、困倦，注意力不集中，进而影响学习和生活。

遗忘的“克星”：艾宾浩斯记忆法

艾宾浩斯记忆法是一种根据人类遗忘规律来进行高效记忆的方法，由德国心理学家赫尔曼·艾宾浩斯（Hermann Ebbinghaus）提出。艾宾浩斯研究发现，人类遗忘的速度是不均衡的，具有先快后慢的特点。为了对抗遗忘，他提出了间隔复习法，即在遗忘的关键时间点进行复习，从而巩固记忆。

以下是经典的复习时间安排。

第 1 次复习：学习 5-10 分钟后。

第 2 次复习：学习 1 天后。

第 3 次复习：学习 1 周后。

第 4 次复习：学习 1 个月后。

第 5 次复习：学习 3 个月后。

通过这种科学的复习安排，可以显著提高记忆的持久性。

08 学做小老师，讲解题目理思路

同学们，你给别人当过小老师吗？给别人讲题有时候可以发挥意想不到的效果。我们通过给别人讲题，能够梳理知识，深化对题目的理解，发现自己的不足之处。

课间休息时，有的同学在玩耍，有的同学在聊天。悠悠坐在座位上，埋头“刷”数学题。

这时，同桌拿着数学卷子走过来，有些不好意思地说：“悠悠，这道题我想了好久都不会，你能给我讲讲吗？”悠悠放下手中的笔，接过题目看了看。

悠悠开始尝试着给

同桌讲解题目，他一边说，一边在纸上画图。讲着讲着，他发现自己对这道题的理解更深刻了，原本觉得有些模糊的地方也变得清晰起来。悠悠不禁感叹：“原来给别人讲题还有这样的好处！”

虽然做题能让我们熟悉各种题型，掌握一定的解题技巧，但如果只是机械地“刷”题，不深入思考和总结，就很难真正掌握知识。当我们做过的题换个形式出现时，我们往往还是会做错。

从那以后，悠悠变得很乐于当其他同学的小老师，他的学习成绩也在不知不觉中提高了。

小结

当我们给别人讲题时，需要把自己脑海中的知识重新梳理，用通俗易懂的语言讲述出来。在这个过程中，我们能够发现自己在哪些地方掌握得不够扎实，在哪些地方理解得有偏差。而且，通过与同学的交流互动，我们还能从不同的角度看待问题，拓宽解题思路。

DeepSeek 低效学习“消消乐”

不会时间管理？DeepSeek 来帮你

学会管理时间非常重要，DeepSeek 为你准备了几个小妙招，帮你成为时间管理的小能手！

1. 制订每日计划

每天早上或前一天晚上，花几分钟的时间列一个任务清单。比如：

- 完成数学作业；
- 背诵英语单词；
- 阅读课外书。

把任务写下来，完成一项就打一个钩，这样你会觉得特别有成就感！

2. 分清轻重缓急

把最重要的任务放在精力最充沛的时间段完成。比如，我们可以在上午头脑清醒时做数学题，下午阅读课外书。

3. 设定时间限制

给每项任务设定时间限制，比如“20 分钟内完成数学作业”。用闹钟或计时器提醒自己，这样就不会拖拖拉拉了！

4. 休息也很重要

学习一段时间后，记得休息一下。可以结合“番茄工作法”：每学习 25 分钟，就休息 5 分钟。这样既能保持专注，又不会太累。

5. 利用碎片化时间

在你等车、排队的时候，可以背几个单词或回想一下课堂上学到的知识。积少成多，你会发现利用这些碎片化时间也能做很多事！

6. 睡前总结

每天晚上睡觉前，花 5 分钟的时间想一想今天你完成了哪些任务，哪些地方可以做得更好。这样你会越来越会管理时间！

DeepSeek 小贴士

- 时间管理不是让你变成“小机器人”，而是让你有更多时间做自己喜欢做的事情！
- 慢慢来，不要着急，养成好习惯需要时间。

让我们一起成为时间管理的小达人吧！

学习没有计划性？用 DeepSeek 做好学习规划

悦悦使用 DeepSeek 来帮助自己制订学习计划。

悦悦首先设定了自己的学习目标：提高数学成绩，阅读完哈利·波特系列图书。

DeepSeek 根据悦悦的目标和所在年级，自动生成了一份个性化的学习计划。计划包括每天的学习任务、时间安排和复习计划。

悦悦每天放学后，都会打开 DeepSeek，查看当天的学习任务。她喜欢把大的学习任务分解成小的、可操作的任务，例如：完成数学作业的第 1—3 题，阅读《哈利·波特与魔法石》第一章等。

悦悦尝试使用“番茄工作法”，集中精力学习 25 分钟，然后休息 5 分钟。她觉得这样学习效率更高，也不容易感到疲惫。

DeepSeek 自动记录悦悦的学习进度，生成可视化报告。悦悦可以查看自己的学习情况，了解哪些任务已经完成，哪些任务还需要努力才能完成。

每当悦悦完成了学习任务，她都会收到几句鼓励的话，这让她对学习充满了动力。

悦悦的爸爸也会经常查看她的学习计划和进度，并给予她鼓励。悦悦觉得和爸爸一起学习很有趣。

经过一段时间的学习，悦悦的数学成绩有了明显的提高，她也读完了一套哈利·波特系列图书。悦悦对学习充满了信心，也更加喜欢学习了！

学不好英语？用 DeepSeek 背英语单词

同学们，我们看一看乐乐是怎样使用 DeepSeek 来辅助背单词的。

除了抓住睡前黄金记忆时间段，乐乐还使用 DeepSeek 来帮助自己背英语单词。

乐乐首先选择了三年级上册的单词库，并制订了每天掌握 10 个单词的计划。

每天放学后，乐乐都会打开 DeepSeek，让它根据需求生成单词卡片，看图识词。

学习完新单词后，乐乐会玩拼写游戏来巩固记忆。

DeepSeek 会根据乐乐的学习情况，自动安排复习计划。乐乐每天都会复习之前学过的单词，确保不会忘记。

一个月后，乐乐的英语词汇量有了明显的提高，他对英语学习也越来越感兴趣了！

DeepSeek 学习坏习惯“消消乐”

妈妈总说你“磨洋工”？DeepSeek 帮你摆脱分心坏习惯

小雨借助 DeepSeek 订制“5 天计划”，改掉了“磨洋工”的坏习惯。

第一天：制订学习计划

DeepSeek 任务：和小雨一起制订今天的作业计划。

数学作业：完成 10 道计算题（20 分钟）。

语文作业：背诵一篇课文（15 分钟）。

英语作业：抄写单词并默写（15 分钟）。

将计划输入 DeepSeek，设置提醒。

小雨的反应：小雨觉得这个计划很简单，欣然接受了。DeepSeek 提醒他：“加油！完成任务后可以获得积分哦！”

第二天：分解任务，设定专注模式

DeepSeek 任务：将数学作业分解成小目标。

↺ 先完成 5 道计算题（10 分钟）。

- 休息 5 分钟。
- 再完成 5 道计算题（10 分钟）。

小雨的反应：小雨一开始有点坐不住，但还是坚持了下去。10 分钟后，他完成了第一部分任务，DeepSeek 恭喜他："太棒了！你已经完成了一半的任务，休息一下吧！"

第三天：记录数据，分析改进

DeepSeek 任务：记录小雨每天的学习时长和效率，生成图表。

- 分析数据：发现小雨在下午 4—5 点时的学习效率最高，而晚上 7 点后学习效率明显下降。
- 改进措施：

  将学习时间调整为从下午 4 点开始，避免晚上拖延。

  每学习 25 分钟，就休息 5 分钟，保持高效。

第四天：趣味互动，设置奖励机制

DeepSeek 任务：设置奖励机制。

- 完成一天的学习任务，可以获得 10 个积分。

小雨完成任务后，DeepSeek 恭喜他："恭喜你！今天的学习效率提升了 20%，获得 10 个积分！"

小雨的反应：小雨非常开心，他不仅完成了作业，还获得了奖励。他决定明天继续努力。

第五天：亲子互动，共同进步

DeepSeek 任务：妈妈和小雨一起使用 DeepSeek，互相监督。

妈妈也制订了自己的工作计划，和小雨一起努力。

小雨的反应：小雨觉得和妈妈一起学习很有趣，他不再觉得学习是孤单的事情，而是和妈妈一起努力的“比赛”。

一周后：总结效果

提升学习效率：小雨完成作业的时间从约 2 小时缩短到约 1 小时。

改善情绪：小雨不再觉得作业是负担，反而享受完成任务后的成就感。

养成习惯：小雨学会了制订计划、分解任务，并逐渐养成了专注学习的好习惯。

通过 DeepSeek 的帮助，小雨改掉了“磨洋工”的坏习惯，学习变得更高效！

第二章

社交小达人的 8 种微习惯

01 学会倾听比学会说话更重要

随意打断别人说话是不礼貌的行为。只有认真听别人把话说完，才能准确理解对方的意图，避免彼此之间产生误解。

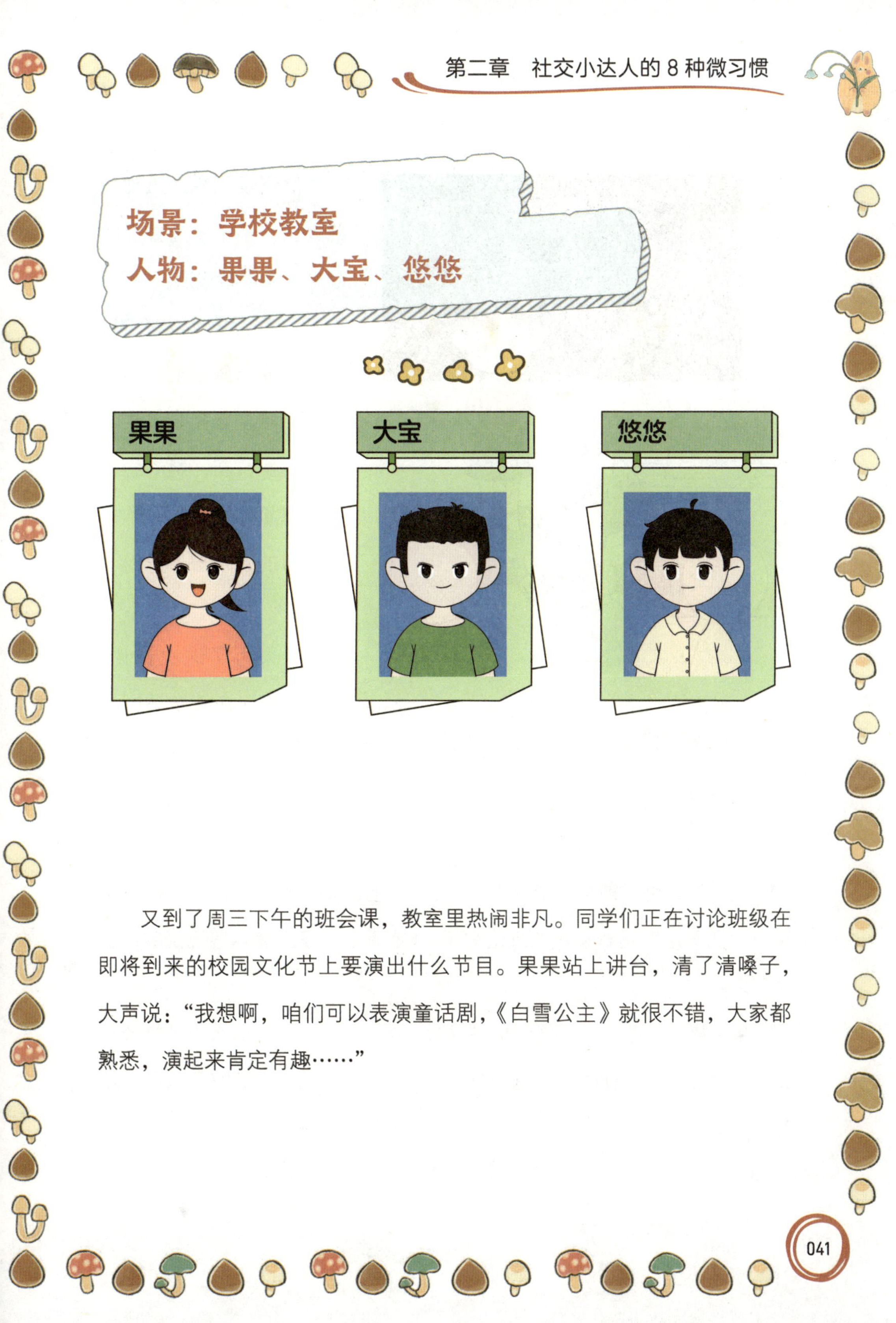

又到了周三下午的班会课，教室里热闹非凡。同学们正在讨论班级在即将到来的校园文化节上要演出什么节目。果果站上讲台，清了清嗓子，大声说："我想啊，咱们可以表演童话剧，《白雪公主》就很不错，大家都熟悉，演起来肯定有趣……"

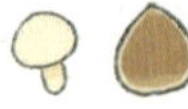

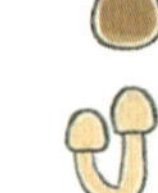

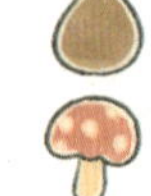
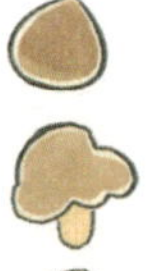

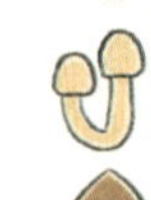

话还没说完，急性子的大宝一下子从座位上跳起来，大声嚷嚷道：“不行不行，童话剧太老套啦，咱们表演街舞多酷啊，肯定能惊艳全场！”果果的话被突然打断，她的脸上露出尴尬的神情，原本兴高采烈的劲儿一下子少了很多。

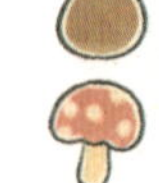

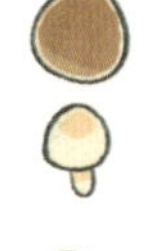
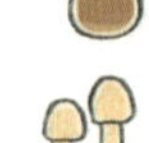
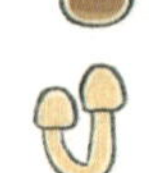

果果为了这次讨论，早就想好了表演童话剧的点子，满心欢喜地跟大家分享，却被大宝一下子打断了。这让果果觉得自己的想法没被重视，气氛突然变得尴尬。而且，关于童话剧表演的很多创意和细节，果果都还没来得及说呢。

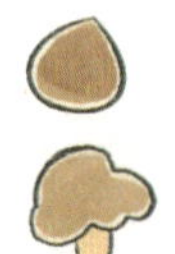

这时候，坐在前排的悠悠轻声说：“大宝，先别着急，让果果把话说完嘛，说不定她还有超棒的想法呢。”大宝听了，不好意思地挠挠头，坐了下来。

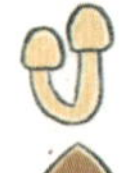

果果接着刚才的话，仔细地讲起童话剧的安排，比如怎么设计舞台背景，怎样编排才能让表演更有创意。这一回，大宝听得可认真了，再也没有随便插嘴。

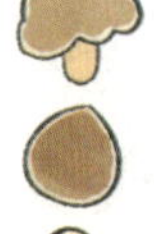

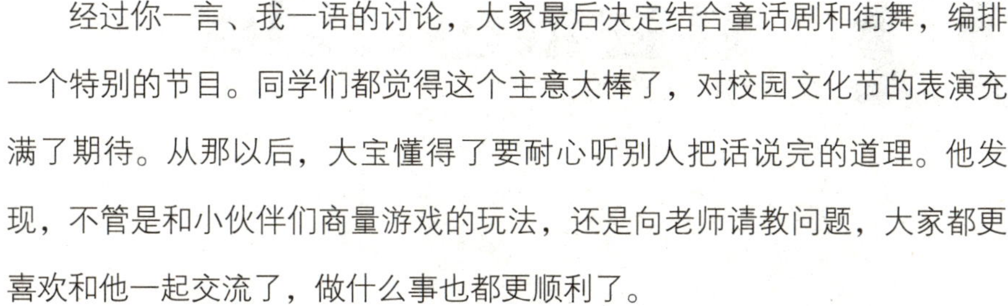

经过你一言、我一语的讨论，大家最后决定结合童话剧和街舞，编排一个特别的节目。同学们都觉得这个主意太棒了，对校园文化节的表演充满了期待。从那以后，大宝懂得了要耐心听别人把话说完的道理。他发现，不管是和小伙伴们商量游戏的玩法，还是向老师请教问题，大家都更喜欢和他一起交流了，做什么事也都更顺利了。

小结

每个人都希望得到尊重，被别人随意打断肯定会觉得自己不受重视，甚至产生不愉快的情绪。果果满怀期待地分享自己的想法，却被大宝中途打断，果果的热情顿时消减了一大半。而且，随意打断别人说话会使信息传递得不完整，导致沟通双方难以达成共识。

有时候，倾听比表达更重要。倾听是理解他人的桥梁，当我们静下心来，认真听别人把话说完，才能真正明白对方的意图、需求和感受。

02 我会表达我自己

表达是展现自我的窗口，不会表达往往会让我们错失良机。勇敢地表达自己的想法，不仅能让他人更好地了解你的见解和能力，还能让你在竞争中脱颖而出，抓住更多机遇。

场景：学校教室
人物：悠悠

教室里，同学们正热烈地讨论着班干部竞选的事。悠悠坐在座位上，眼神中透露出想要参加的渴望，但他又不敢表达出来。

悠悠心里很纠结，他想参加竞选，却又担心自己表现不好被同学笑话。这时，同学看出了他的心思，对他说：“悠悠，你是不是想参加班干部竞选呀？”悠悠犹豫了一下，小声说：“嗯，可是我有点担心选不上……”同学鼓励他：“你可以先试试呀，说不定就选上了。”

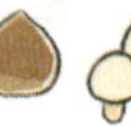

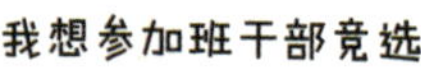

很多时候，只有勇敢地说出自己的想法和愿望，才能获得他人的支持与帮助，从而实现自己的目标。就像这次班干部竞选，如果悠悠因为胆怯而不表达自己的想法，他就失去了一个锻炼自己能力的好机会。

在同学的鼓励下，悠悠终于鼓起勇气，站起来说：“我想参加班干部竞选。”同学们纷纷向他投来鼓励的目光。

无论结果如何，悠悠都迈出了勇敢表达自己的重要一步。

小结

敢于表达是非常重要的。通过清晰地表达自己的观点、想法和感受，我们能够让他人更好地认识我们，发现我们的优点和潜力。在今后的学习和生活中，无论是课堂发言、参与小组讨论，还是与老师、同学交流，悠悠都敢于表达，也愿意吸收他人的意见，他的各方面能力都提升了。

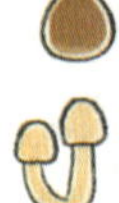

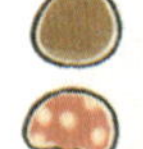

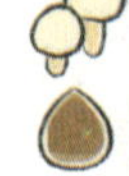

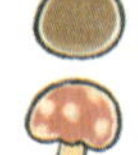

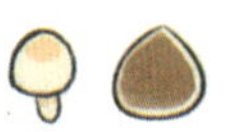

03 如果不喜欢，请勇敢地说“不”

如果一味地迎合他人，不懂得拒绝，最终委屈的只有自己。敢于说“不”，是捍卫自我的盾牌，它能让别人清楚你的底线，从而避免提出不合理的要求。

场景：学校操场
人物：小雨

小雨

课间休息时，小雨和同学们在操场上活动，享受着这短暂的放松时光。不远处，高年级的同学正在打篮球，篮球被他们快速地传来传去，伴随着阵阵的热烈的欢呼声。

突然，篮球如脱缰的野马般飞出场外，径直滚到小雨的脚边。一位高年级同学大声喊道："同学，帮忙捡一下球！"小雨看了

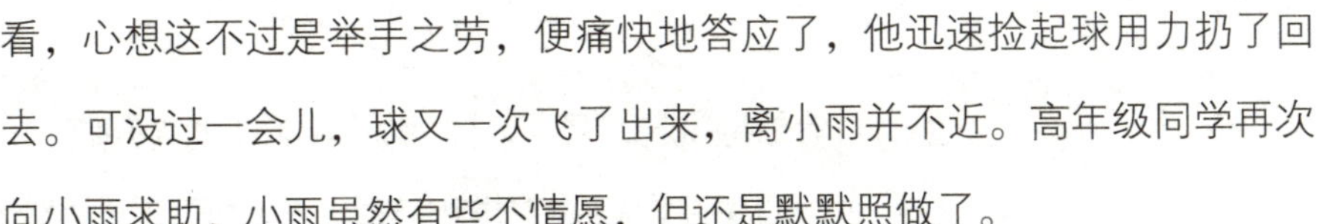

看，心想这不过是举手之劳，便痛快地答应了，他迅速捡起球用力扔了回去。可没过一会儿，球又一次飞了出来，离小雨并不近。高年级同学再次向小雨求助，小雨虽然有些不情愿，但还是默默照做了。

球第三次飞出场外，滚到远处的草坪上去了。高年级同学又习惯性地喊小雨捡球，小雨心里犯起了嘀咕。一旁的同学小声嘟囔道："球也没滚到你这儿啊，他们怎么老是让你捡球啊？"小雨皱了皱眉头，终于鼓起勇气大声说："我得回教室了，你们自己捡吧！"

小雨这样做并非不愿意帮助别人，而是因为他认为不应该一味地迁就别人。小雨原本想在课间和同学们好好放松一下，却因总给高年级同学捡球，导致自己的时间被占用，快乐也大打折扣。而且，过度迁就他人可能会让对方觉得你极易妥协，甚至变本加厉地提出更多不合理的要求。

小雨明确表达态度后，高年级同学也意识到了自己的行为有些不妥，不再随意指使他。从那次以后，小雨明白了，对于自己不喜欢的事情，要勇敢地说"不"，如此才能更好地掌控自己的生活。

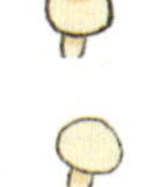

小结

当我们勇敢地说出“不”时，我们才能让他人知晓自己的底线。请关注自身的需求和感受，把时间和精力投入真正有意义、自己喜欢做的事情中去吧！

庄子拒楚相之位的故事

庄子在濮水垂钓，楚王派两位大夫前来聘请他，说楚王希望将国内的政事委托给他。庄子手持钓竿，头也不回地说：“我听说楚国有只神龟，已经死了三千年了，楚王用锦缎将它包好放在竹匣中，珍藏在宗庙的堂上。这只神龟，它是宁愿死去，留下尊贵的骨骸，还是宁愿活着，在泥水里拖着尾巴呢？”两位大夫说：“它宁愿活着，在泥水里拖着尾巴。”庄子说：“你们回去吧！我宁愿像神龟一样在泥水中自由自在地生活，也不愿被束缚。”

解读

庄子拒绝了楚国的相位，选择了自己喜欢的生活方式，实现了精神上的自由与超脱。

04 学会包容，接纳别人的意见

提出自己的想法固然重要，然而在许多时候，听取他人的意见同样重要。包容并接纳他人的不同见解，有助于我们拓宽视野、集思广益。

场景：学校教室

人物：果果

教室里，老师正在组织同学们分组讨论一道难题。果果所在小组的成员们围坐在一起，热烈地讨论着。

身为小组长的果果，发言非常积极。她滔滔不绝地阐述着自己的想法，接连提出一个又一个方案。然而，在这个过程中，她完全忽略了其他同学的意见。同组的同学多次试

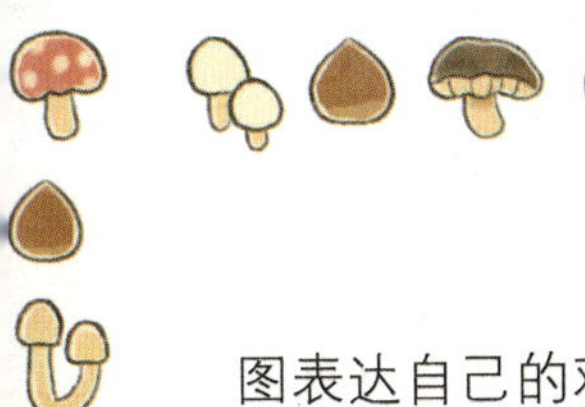

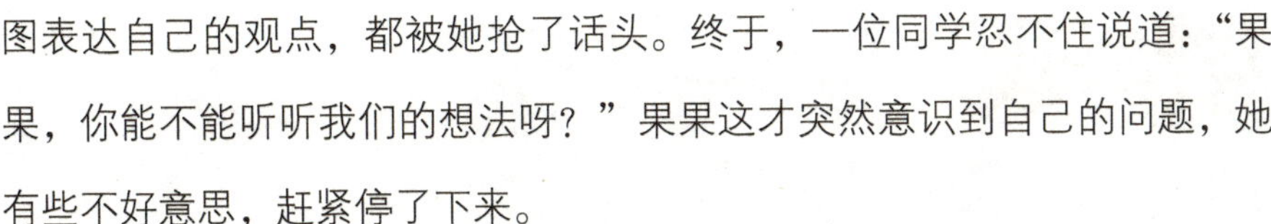

图表达自己的观点，都被她抢了话头。终于，一位同学忍不住说道："果果，你能不能听听我们的想法呀？"果果这才突然意识到自己的问题，她有些不好意思，赶紧停了下来。

课堂讨论是一项集体活动，每个同学都有机会展示自己独特的想法。果果一味地强调自己的观点，会使其他同学感觉不被重视，参与的积极性也会因此受挫。而且，由于每个人的知识储备和思维方式都存在差异，仅仅采纳一个人的想法，很可能会遗漏一些关键的解题思路，从而无法得出完善的答案。

意识到这个问题后，果果诚恳地道歉："对不起，是我不对，请大家都说说自己的想法吧。"

果果安静地听完每个同学的意见后，发觉大家的想法各有精妙之处。她巧妙地将这些意见与自己的想法融合，提出了一个更好的方案。这个方案汇聚了很多人的智慧，最终得到了小组全体成员的一致认可。

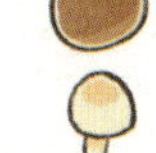

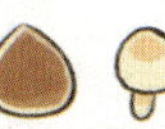

小结

包容他人的意见是促进团队和谐、提升团队凝聚力的关键因素。有了这次经历后，果果深刻体会到了包容他人意见的重要性，她与小组同学的关系也变得更加融洽了。

君子和而不同，小人同而不和。

——《论语·子路》

解读

君子能够与他人和谐相处，同时会坚持自己的独立性，不会盲目苟同；小人表面上附和他人，但实际上并不能与他人和谐相处。

05 平等交友，告别讨好型人格

坚守自我，不刻意讨好他人，才能吸引志同道合的好朋友，和他们建立健康的人际关系。

场景：学校

人物：悦悦、娜娜、悠悠

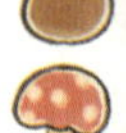

夕阳的余晖洒在空荡荡的教室里，悦悦握着扫把，一下一下地扫着地上的纸屑。这已经是她这周第三次帮娜娜值日了。教室后排的课桌上，还摊着她没写完的作业本。她加快了速度，想着赶紧打扫完去写作业。

“又在帮别人值日？”悠悠走了过来，他拿过悦悦手中的扫把，把它靠在墙边，“你自己的作业都没写完呢。悦悦，你为什么总讨好别人呢？”悦悦尴尬地笑了笑。

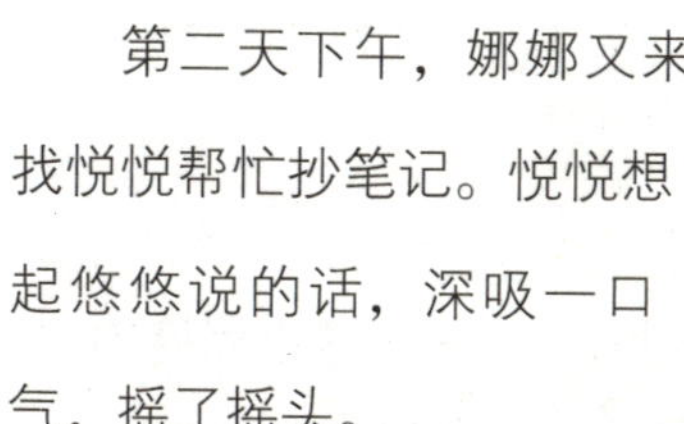

第二天下午，娜娜又来找悦悦帮忙抄笔记。悦悦想起悠悠说的话，深吸一口气，摇了摇头。

娜娜的笑容僵在脸上。她一把抢过悦悦手中的笔，重重摔在地上，生气地走开了。

悦悦弯腰捡起笔，发现笔尖已经歪了。她轻轻扳正笔尖，手指有些发抖。悦悦抬起头，发现悠悠不知什么时候站在了她身边，笑眯眯地递给她一颗水果糖。

“给，奖励你的。”悠悠笑着说，眼睛弯成了月牙。

从那天起，悦悦学会了如何拒绝别人不合理的要求。悦悦发现，当她说“不”的时候，天并没有塌下来。反而，她有了更多时间做自己喜欢做的事，比如和同学一起去图书馆看书，或者坐在操场边的梧桐树下聊天。

渐渐地，悦悦发现身边的朋友反而更多了。他们喜欢和她在一起，不是因为她总是乐于助人，而是因为她真实、有趣。经历过那场风波之后，悦悦成长了很多，她由衷地觉得，有勇气做自己真好。

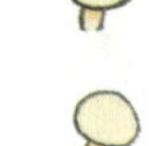

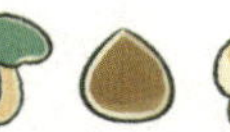

小结

勇敢地做自己，不用刻意讨好别人——这是保持内心强大的秘诀。我们无须为了获得他人的欢心而改变自己的原则和底线。当我们勇敢地做自己时，就能吸引到真正欣赏我们的人，并和他们建立起更加健康、平等的关系。悦悦通过这次经历，明白了坚持自我的重要性。在今后的生活中，面对类似情况，她依然会勇敢地走自己的路，绽放属于自己的光彩。

06 尊重隐私，好朋友也别越界

好朋友之间也要有界限，无原则地迁就对方只会让友谊变质。坚守底线，不越界，才能让友谊在正确的轨道上前行。

场景：学校

人物：悦悦、果果

课间休息时，操场上热闹非凡，同学们在操场上快乐地玩耍。悦悦和果果这对好朋友也在操场的一角散步，享受着课间的欢乐时光。

然而，愉快的氛围很快就被打破了。悦悦凑近果果，神秘兮兮地说：“果果，下周学校要举办趣味知识竞赛，我听说题目和答案都在你们主持人手里。你能不能偷偷给我透露一些呀？”果果听后，惊讶地瞪大了眼睛，

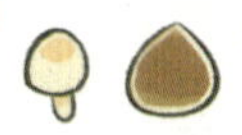

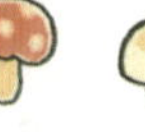

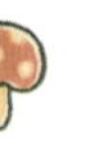

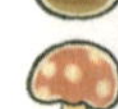

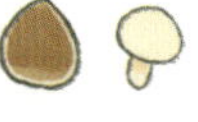

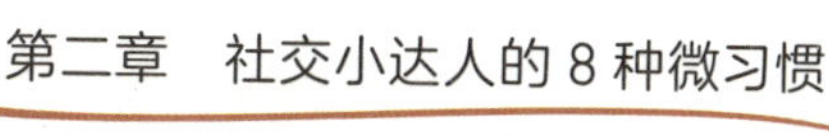

她没想到好朋友会提出这样的要求。

既然是比赛，就要遵守规则，悦悦提出的要求违背了公平比赛的原则，如果果果答应了悦悦的请求，就是在作弊。这种行为会给班级抹黑。

果果看着一脸期待的悦悦，坚定地说：“悦悦，这可不行，这不仅违反规则，还会损害班级荣誉。”经过果果的耐心解释，悦悦认识到了自己的错误，两个人重归于好了。从那以后，两人的友谊也变得更加稳固了。

小结

即便两个人关系再好，也一定要有分寸。真正的友谊不是建立在无底线的迁就之上，而是建立在相互尊重、理解和坚守原则的基础上。如果果果为了维系和悦悦的关系，答应了她的不合理要求，表面上看似维护了友谊，实则埋下了很多隐患。

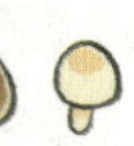

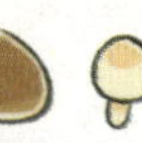

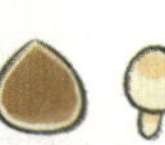

07 有责任心，成为别人信赖的人

在团队中，责任心是确保任务顺利完成和团队高效运作的关键因素，丢掉了责任心，就很难获得别人的信任。肩负责任时，要认真履责，这样才能赢得他人的信赖，推动团队前行。

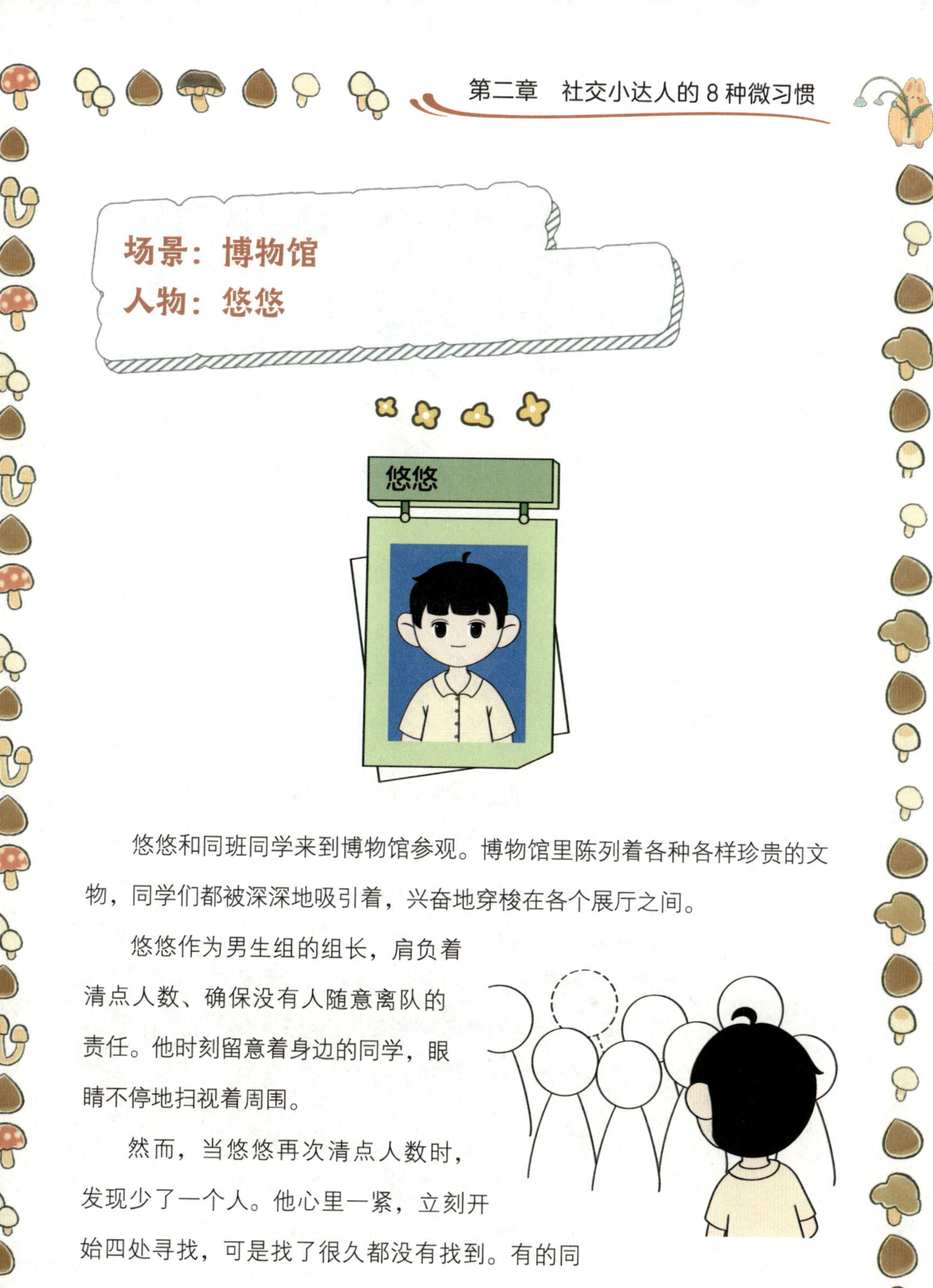

悠悠和同班同学来到博物馆参观。博物馆里陈列着各种各样珍贵的文物，同学们都被深深地吸引着，兴奋地穿梭在各个展厅之间。

悠悠作为男生组的组长，肩负着清点人数、确保没有人随意离队的责任。他时刻留意着身边的同学，眼睛不停地扫视着周围。

然而，当悠悠再次清点人数时，发现少了一个人。他心里一紧，立刻开始四处寻找，可是找了很久都没有找到。有的同

学说："别找了，说不定他一会儿自己就出来了。"悠悠却坚定地说："不行，我必须找到他，这是我的责任。"

如果没有责任心，就会失去别人的信任。在这次班级外出活动中，每个同学都有自己的角色和责任。悠悠如果因为怕麻烦而放弃寻找同学，那么其他同学会对他的能力和态度产生怀疑，不再信任他的组织和管理。如果同学们不再愿意配合他的工作，团队协作也会变得困难重重。

经过一番寻找，悠悠终于找到了那个不小心迷路的同学。他严肃地对大家说："我们是一个集体，每个人都要对彼此负责。"

小结

听了悠悠的话，同学们都认识到了悠悠是一个非常有责任心的人。正因为悠悠有责任心，所以在这次集体活动中，老师才会放心地将任务交给他，相信他能够妥善完成。在这次博物馆之行中，悠悠的负责态度不仅让同学们感受到了安全和安心，也赢得了大家的尊重和信赖。从那以后，同学们对悠悠更加信任，推选他为小组长，而悠悠也深刻体会到了责任心带来的力量。

08 遇到校园欺凌，要勇敢说出来

面对欺凌，如果保持沉默，就是一种纵容。受欺负时要勇敢地说出来，维护自身的正当权益，为自己撑起一把保护伞。

场景：学校教室
人物：大宝、悠悠、班主任王老师

大宝

悠悠

教室里，课间休息时，同学们正准备下一节课要用的东西。然而，悠悠却非常烦恼，因为坐在后排的大宝总是为了自己方便，把课桌往前推，导致前后排课桌之间本就狭窄的空间变得更小。

每次上课，悠悠都要小心翼翼，生怕转身时碰到桌椅发出

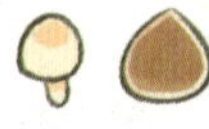

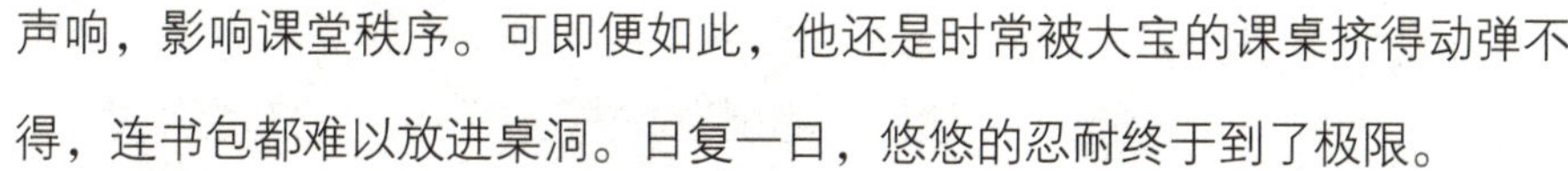

声响，影响课堂秩序。可即便如此，他还是时常被大宝的课桌挤得动弹不得，连书包都难以放进桌洞。日复一日，悠悠的忍耐终于到了极限。

悠悠鼓起勇气对大宝说："你别再往前推桌子了，我都没法好好上课了。"大宝却满不在乎，依旧我行我素。无奈之下，悠悠只好将此事告诉了班主任王老师。

在学校受了欺负，如果一味地忍气吞声，不仅不会让情况好转，反而会使自己的处境更加艰难。悠悠可能会因为心情烦躁而导致学习效率大大降低。时间长了，他的学习状态也会受到影响。从班级的角度来说，这种忍气吞声会助长不良风气。

王老师得知此事后，立刻找大宝谈话。在王老师的耐心教导下，大宝认识到了自己的错误，诚恳地向悠悠道了歉，并保证以后不会再这样做。

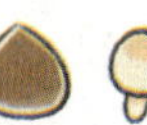

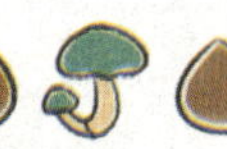

小结

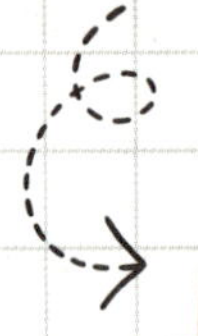

勇敢地表达自己的正当诉求至关重要。只有悠悠勇敢地说出自己的困扰，王老师才能及时发现问题，解决矛盾。在这个过程中，被欺负的同学重新获得良好的学习环境，欺负人的同学也能认识错误，改正行为。而且，这种勇敢表达正当诉求的行为还能为其他同学树立榜样，让大家都明白，面对不合理的对待，要勇敢站出来，维护自己的权益。

相关影视推荐

《少年的你》

- 电影围绕着一起校园欺凌事件展开。影片深刻地揭示了校园欺凌对青少年造成的心理伤害，以及社会各界对校园欺凌问题的关注与反思。

DeepSeek 沟通表达难题“消消乐”

不敢当众说话？用 DeepSeek 训练表达技巧

悠悠不太敢在众人面前说话。为了帮助悠悠提高表达能力，妈妈决定用 DeepSeek 来辅助他。

1. 悠悠首先使用 DeepSeek 练习自我介绍。DeepSeek 会模拟不同的场景，例如：新同学见面、参加兴趣班等，引导悠悠写出适合相应场景的发言稿。

2. 悠悠喜欢玩“故事接龙”游戏，他和 DeepSeek 一起编故事，你一句我一句，玩得不亦乐乎。在这个过程中，悠悠的逻辑思维能力得到了锻炼。

3. 悠悠每天都会阅读 DeepSeek 推荐的优秀读物，并记录阅读笔记。他还会和 DeepSeek 分享阅读心得，锻炼表达能力。

5. 经过一段时间的学习，悠悠的沟通和表达能力有了明显的提高。他不再害怕在众人面前说话，还参加了学校的演讲比赛，取得了不错的成绩。

第三章

情绪管理小达人的
8 种微习惯

01 难过时，掉眼泪不能解决问题

哭是一种释放情绪的方式，当心中委屈、感到难过时，你可以痛快地哭一场。哭能缓解压力，让内心的痛苦得到宣泄。哭过后，我们会感觉轻松许多，能够重新振作起来，以更好的状态面对生活。

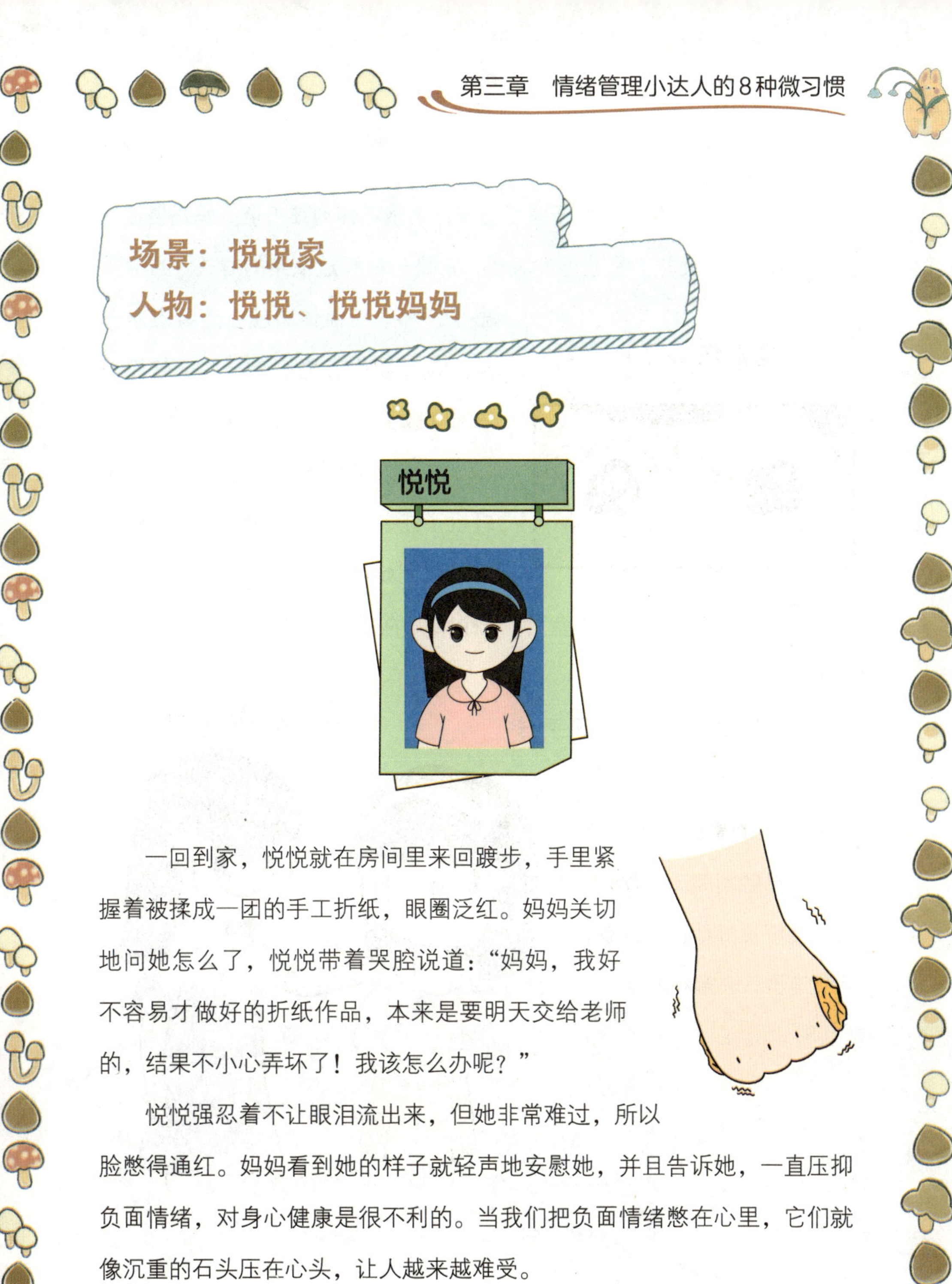

一回到家，悦悦就在房间里来回踱步，手里紧握着被揉成一团的手工折纸，眼圈泛红。妈妈关切地问她怎么了，悦悦带着哭腔说道：“妈妈，我好不容易才做好的折纸作品，本来是要明天交给老师的，结果不小心弄坏了！我该怎么办呢？”

悦悦强忍着不让眼泪流出来，但她非常难过，所以脸憋得通红。妈妈看到她的样子就轻声地安慰她，并且告诉她，一直压抑负面情绪，对身心健康是很不利的。当我们把负面情绪憋在心里，它们就像沉重的石头压在心头，让人越来越难受。

             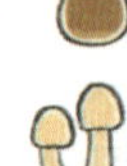 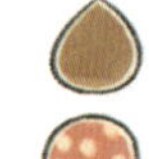     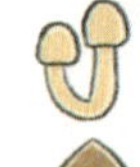     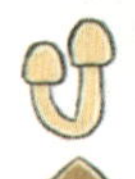 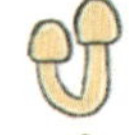 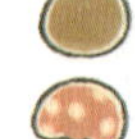           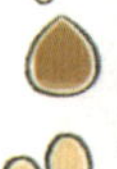  

悦悦听了妈妈的话，终于哭了出来，泪水不停地往下流。妈妈搂住悦悦，对她说：“哭并不是软弱的表现，它是一种释放情绪的方式。当你哭出来，那些负面情绪就会随着泪水一起流走，让你心里好受一些。就像一阵风吹散了乌云，让天空变得晴朗。”

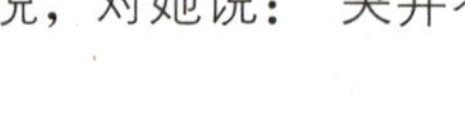

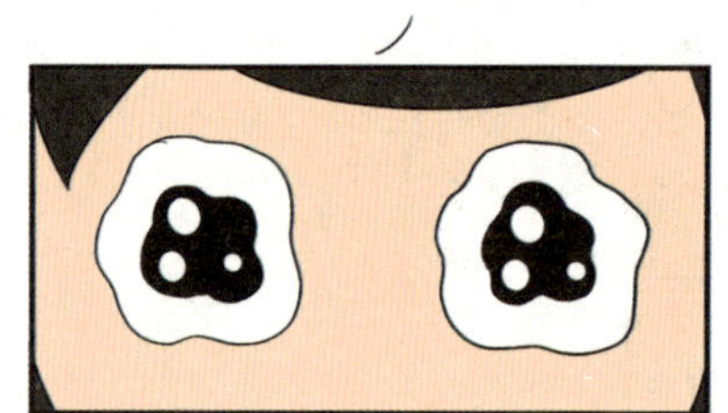

悦悦哭了一场后，感觉心里确实轻松了许多，不再像之前那样压抑了。妈妈看到她的情绪好了一些，就提议重新做一个折纸作品。没过多久，一个精美的折纸作品就出现在了悦悦的手上。

从那以后，悦悦明白了哭一哭没什么大不了。当遇到挫折和难过的事时，她不再压抑自己的情绪。她发现，自己能够更好地面对问题，也更有勇气去解决困难。

小结

用适当的方式宣泄自己的情绪，并不是让人羞耻的行为，反而能帮助我们尽快走出不好的状态。哭泣是一种非常自然的情感释放方式，它能让我们内心的痛苦随着泪水一同被释放。在成长的道路上，遇到挫折和难过的事是正常的，重要的是学会正确地面对和处理情绪，让自己能以更积极的心态面对生活。

02 生气时，合理发泄不内耗

生气时，内心就像压着一团火，如果强行憋在心里，就会灼伤自己。生气时，要为情绪找一个出口，让自己慢慢冷静下来，这样才能理智地应对各种情况。

场景：大宝家

人物：大宝、大宝爸爸、大宝妈妈

放学后，大宝气冲冲地走进家门，头也不回地走进自己的房间，“砰”的一声关上了房间的门，震得整个屋子都似乎抖了一下。爸爸随后走进家门，眉头紧皱。就在刚才，大宝和小伙伴吵了一架，爸爸认为大宝做得不对，就忍不住批评了他几句。这让本就生气的大宝觉得更加委屈，一个人在房间里生着闷气。

妈妈轻轻推开房门，看到大宝坐在床边，小脸憋得通红，像一只愤怒的小鸟。

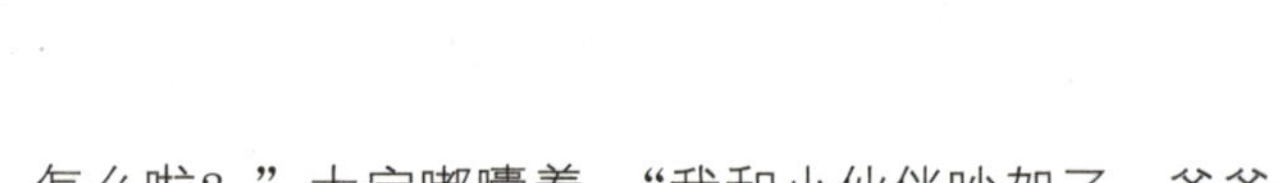

妈妈轻声问："大宝，怎么啦？"大宝嘟囔着："我和小伙伴吵架了，爸爸还说我！气死我了！"说完，又气鼓鼓地别过头去。

妈妈告诉大宝，一个人生闷气对身体可不好。压抑愤怒会让内心的负面情绪不断发酵，让人变得更加烦躁，影响与其他人的关系。大宝如果一直憋着这股气，可能会在之后与别人发生更多的摩擦和争执，从而陷入恶性循环。

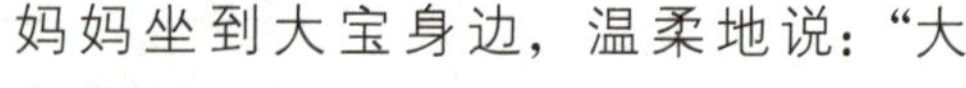

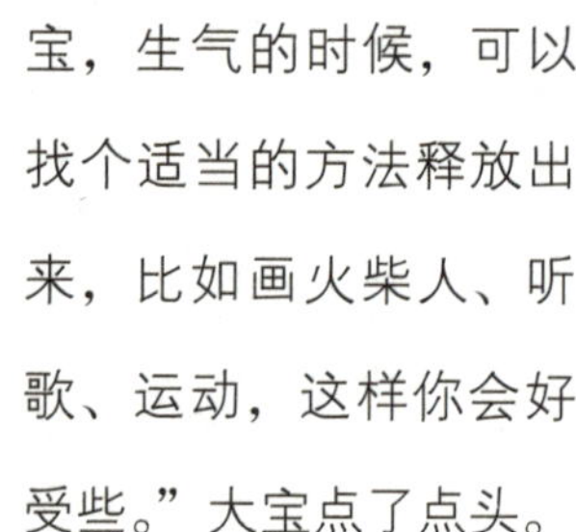

妈妈坐到大宝身边，温柔地说："大宝，生气的时候，可以找个适当的方法释放出来，比如画火柴人、听歌、运动，这样你会好受些。"大宝点了点头。

大宝选择出去运动，在运动的过程中还和小伙伴聊了刚才发生的事。经过这样的调整，大宝理解了爸爸的良苦用心，意识到了自己的脾气有些急躁，与小伙伴发生争执，很大一部分原因在自己身上。大宝不好意思地向爸爸道歉，爸爸见大宝已经很好地调整了心态，就告诉他要学会在面对类似的情况时，用更好的方式处理，即便遇到让自己很生气的事情，也要想办法排解负面情绪，不要成为情绪的"奴隶"。

小结

为情绪找到出口，压力就可以被释放出去。大宝选择通过运动释放情绪，在奔跑和跳跃中，他的情绪逐渐平复。在这个过程中，人体还会分泌内啡肽等物质，让人产生愉悦感，缓解压力。

找到你的情绪出口

通过运动发泄负面情绪

- 方法：当感到烦躁或生气时，可以做一些简单的运动（如跑步、踢球等）。
- 方法：听一首喜欢的歌曲，或者大声唱出来。可以选择欢快的歌曲来带动情绪，也可以选择舒缓的歌曲来放松心情。

玩情绪卡片

- 方法：制作一些情绪卡片，每张卡片上画一种表情（如表示开心、生气、难过、害怕的表情等）。当有情绪时，选出对应的卡片，并说出自己为什么有这种情绪。

做手工或拼图

- 方法：当感到烦躁时，可以做一些简单的手工（如折纸、捏橡皮泥等），也可以玩拼图游戏。

给自己一个“冷静角”

- 方法：在家里设置一个“冷静角”，放置一些喜欢的书、玩具或抱枕。当感到情绪不好时，可以在这个角落待一会儿，直到心情平静下来。

03 低落时，写心情日记

低落的情绪就像一团乱麻，把我们的心缠绕在里面。写心情日记，是梳理思绪的过程。把心事写在日记里，能够释放压力，消除坏情绪。让我们在书写中找到安慰，重新找到前进的力量。

场景：果果家

人物：果果、果果妈妈

放学后，果果耷拉着脑袋走进家门，往日的活泼劲儿消失得无影无踪。她径直走进自己的房间，重重地坐在床上。

妈妈正在厨房忙碌，听到声响，出来看到果果这副模样，就知道她在学校发生了一些事情。妈妈轻轻走进房间，坐在果果身旁，温柔地问："果果，怎么啦？心情不好吗？"果果眼眶湿了，憋着一肚子委屈，就是不开口。

妈妈摸了摸果果的头，说："果

果，你有心事不想说，妈妈不会逼你，要不把这些心事写在日记本里吧，说不定写完你会好受些。”

妈妈告诉果果，有了心事，就要通过适当的方式排解。果果觉得妈妈说得很有道理，就开始尝试写心情日记，原来她白天在学校和好朋友因为一件小事吵架了。在一笔一画的倾诉中，她将内心的委屈、难过全都释放了出来。书写的过程也是一个梳理思绪的过程，让果果更加清晰地认识到自己在这件事情中的对错。写完日记后，果果感觉心中的大石头落了地，轻松了许多，这也给了她倾诉的勇气，那天晚上她和妈妈聊了很多。第二天，她主动跟好朋友道歉，两人重归于好。

小结

心情日记为果果提供了一个安全的情绪宣泄口，让她在面对问题时，能够冷静下来，找到解决问题的方法。写心情日记不仅有助于缓解当下的低落情绪，还能帮助我们在成长过程中学会自我调节，让我们以更积极的心态去面对生活中的各种困难和挑战。

04 学校里的烦心事要跟家长说

学校里的烦心事就像硌脚的小石子，不仅会让自己很痛苦，还会影响学习和生活。如果你愿意把烦心事讲给爸爸妈妈听，他们说不定就能帮你把这些“小石子”捡出去，化解烦恼。

傍晚，夕阳的余晖轻柔地洒下来。然而，娜娜却像霜打的茄子般，垂头丧气地走进家门。她脚步沉重，一声不吭地走进自己的房间。

妈妈正在厨房里准备晚餐，见到娜娜这副样子，她放下手中的活儿，来到娜娜的房间。看到娜娜满脸的愁

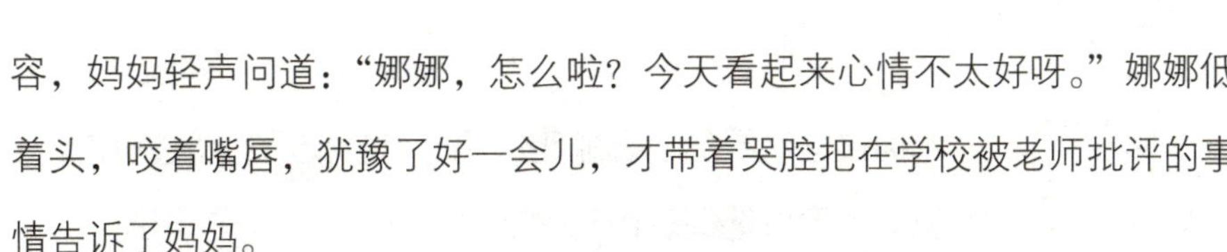

容，妈妈轻声问道：“娜娜，怎么啦？今天看起来心情不太好呀。”娜娜低着头，咬着嘴唇，犹豫了好一会儿，才带着哭腔把在学校被老师批评的事情告诉了妈妈。

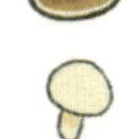

原来，娜娜在课间休息时帮助一位同学找红领巾，结果上课铃响了，她还没有跑进教室。等她进入教室，老师已经开始上课了。见到娜娜迟到了，老师有些生气，就当着全班同学的面批评了她几句。娜娜本来想解释一下，但老师没有给她解释的机会。

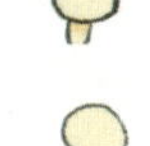

娜娜说完后，妈妈轻轻抱住她，温柔地说：“别担心，这事儿很好解决。”妈妈说，每一个孩子在学校里都会遇到烦心事，要及时跟家长说，爸爸妈妈一定会帮助孩子梳理问题，一起想出解决问题的办法。

娜娜在和妈妈倾诉后，心情轻松了许多，妈妈的安慰和鼓励给了她勇气。而且，妈妈给了她很好的建议。第二天，她在课下鼓起勇气向老师解释了原因。老师了解情况后，消除了对娜娜的误会，再次上课时，老师表扬了她乐于助人的行为。

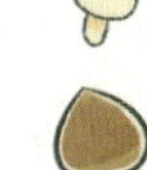

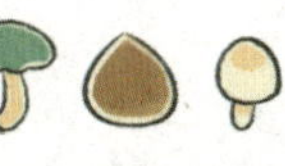

小结

通过这次经历，娜娜明白了，将学校里的烦心事告诉家长，不仅能缓解自己的压力，还能在家长的帮助下更好地解决问题。以后再遇到类似的情况，她会毫不犹豫地向妈妈倾诉，因为她知道，家人永远是她最坚实的后盾。

与君一席话，胜读十年书。

——《增广贤文》

解读

和对方交谈一次的收获，比读十年书的收获还要大。这句话告诉我们，与有见识、有智慧的人进行良好的沟通交流，能让人获得很多启发，凸显了沟通的重要性。

05 犯错也不要紧

世界上没有完美的人，犯错是很正常的，不用过度自责，在某种程度上，每个人都是在不断犯错和不断改正的过程中成长起来的。我们要正视错误，从中吸取教训，把它变成成长的养分。

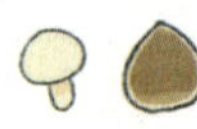

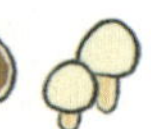

场景：学校操场

人物：悠悠、班主任王老师

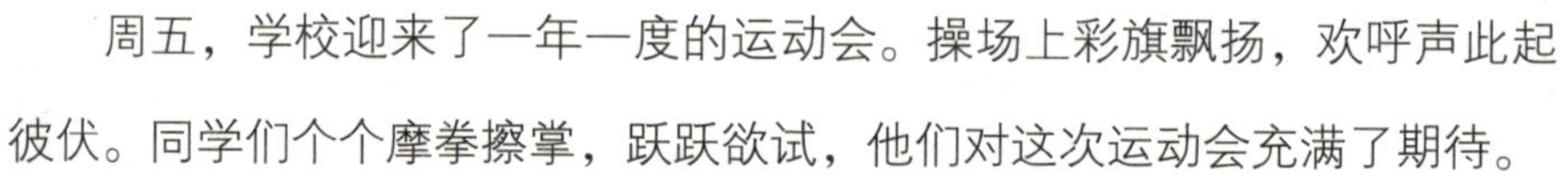

周五，学校迎来了一年一度的运动会。操场上彩旗飘扬，欢呼声此起彼伏。同学们个个摩拳擦掌，跃跃欲试，他们对这次运动会充满了期待。

拔河比赛即将开始，参赛队员们站在绳子两侧，双手紧紧握住绳子，身体微微后仰，眼神中透露出必胜的决心。悠悠站在队伍的末尾，作为“定海神针”，他心里既紧张又兴奋，暗暗发誓一定要为班级赢得荣誉。

随着裁判一声哨响，比赛正式开始。双方队员都使出了浑身解数，拼命往后拉绳子。悠悠班的同学们齐心协力，口号声震耳欲聋，绳子中间的红布条一点点向他们这边移动。

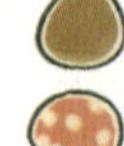

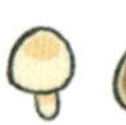
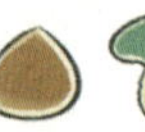
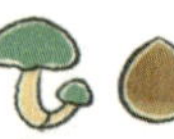

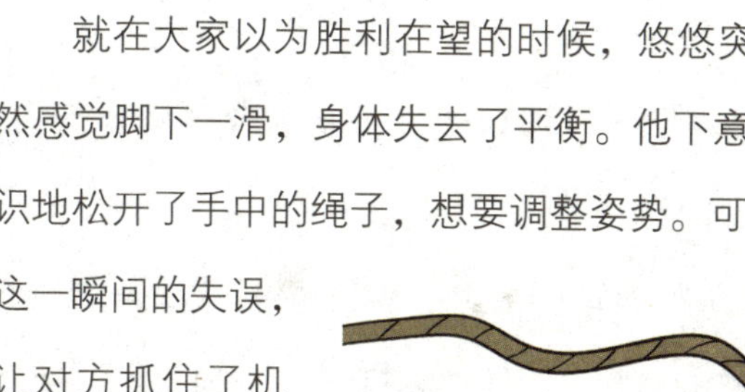

就在大家以为胜利在望的时候，悠悠突然感觉脚下一滑，身体失去了平衡。他下意识地松开了手中的绳子，想要调整姿势。可这一瞬间的失误，让对方抓住了机会，绳子猛地被对方阵营拉过去。尽管其他同学还在拼命拉扯，但由于悠悠的失误，他们班最终输掉了比赛。

悠悠呆呆地站在原地，眼神中满是悲伤和自责。他看着同学们失落的表情，心里像打翻了“五味瓶”，难受极了。

班主任王老师看在眼里，走过来温柔地摸了摸悠悠的头，轻声问道：“悠悠，你有没有受伤？”悠悠低着头，小声回答：“没有。”王老师松了一口气，安慰他说：“悠悠，别难过，谁都会不小心犯错，这只是一场比赛，重要的是你们努力过了。”

王老师接着鼓励悠悠：“你看，刚才同学们都拼尽全力，大家都在为班级努力。这次虽然输了，但我们还有机会。你能勇敢地站在赛场上，就已经很了不起了。从这次的失误中，我们可以吸取教训，下次一

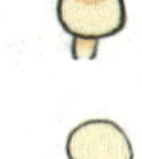

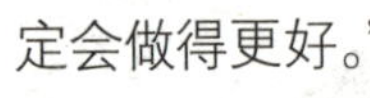

定会做得更好。”

悠悠听了王老师的话，心中涌起一股暖流。他抬起头，坚定地说：“老师，我知道了，我以后会更加努力练习的。”

虽然这次拔河比赛，他们班没有取得胜利，但同学们并没有责怪悠悠。大家一起围过来，拍拍悠悠的肩膀，给他加油打气。

从那以后，悠悠不再害怕犯错。他积极参加学校的各种活动，每次都全力以赴。他明白了，犯错并不可怕，只要勇敢面对，从错误中吸取经验，就能不断成长，变得更加优秀。在下次的拔河比赛中，悠悠和他的队友们刻苦训练，终于在比赛中取得了优异的成绩，为班级赢得了荣誉。

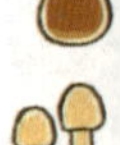

小结

当我们能够正视错误，把它当作成长的契机时，就会发现失败其实是通向成功的阶梯。每一次犯错都能让我们更加了解自己的不足，从而有针对性地改进。

人谁无过？过而能改，善莫大焉。

——《左传·宣公二年》

解读

谁能没有过失呢？有了过失而能够改正，那就没有比这再好的了。这句话明确指出人都会犯错，重点在于犯错后能改正，强调了改正错误的重要性和积极意义。

06 摆脱“玻璃心”

生活中，我们都要面对外界的评价，我们的内心可不能像玻璃一样易碎。勇敢做自己，不被他人的言语左右，才能保持内心的强大。

场景：学校操场

人物：悠悠、娜娜

课间休息时，悠悠和娜娜在操场上做游戏。就在他们休息时，悠悠偶然间听到了旁边几个同学对自己的议论。其中一个同学说：“悠悠这次考试没考好……”悠悠的笑容瞬间僵住，脸上露出了尴尬的神情。

娜娜从不远处跑过来，见到悠悠的表情不太自然，就问他：

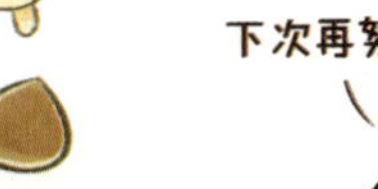

“怎么啦，悠悠？”悠悠叹了口气，把刚才听到的话告诉了娜娜。娜娜拍了拍悠悠的肩膀说：“别太在意了，我爸爸常常对我说，不要因为别人无意的一句话就否定自己。”

娜娜告诉悠悠，爸爸以前跟她讲过，在成长的过程中，我们会听到各种各样的声音，过分在意他人的评价，会让我们失去对自己的正确判断，忽略自身的优点和努力。时间长了，我们会变得越来越不自信，不敢去尝试新事物，因为害怕再次听到批评的声音。

悠悠听了娜娜的话，若有所思地点点头。他开始复盘：虽然这次考试没考好，但自己平时学习一直很努力，只是对某些知识点的掌握不够扎实。这样思考了一番后，他决定不再因为别人的评价而纠结，而是专注于提升自己。

悠悠凭借着自信和韧性，更加努力地学习。他主动向老师请教问题，认真完成作业，积极参加课堂讨论。渐渐地，他的成绩有了明显的提高。不仅如此，他在与同学们的相处中，也更加开朗和自信。悠悠的努力和改变得到了老师和同学们的认可，他用自己的行动证明了，他可不是“玻璃心”。

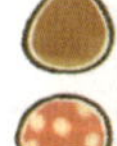

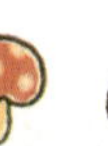

小结

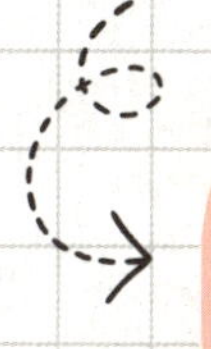

有自信心、有韧性是非常重要的。自信可以让我们相信自己的能力，在面对困难和质疑时，依然坚定地走自己的路。而韧性则让我们在遭遇挫折后，能够迅速调整心态，重新出发。

故天将降大任于斯人也，必先苦其心志，劳其筋骨，饿其体肤，空乏其身，行拂乱其所为，所以动心忍性，曾益其所不能。

——《孟子·告子下》

解读

上天要把重大的使命降临到这个人身上，一定先使他的内心痛苦，使他的筋骨劳累，使他经受饥饿之苦，使他受到贫困之苦，使他做事不顺，通过这些来使他的心受到震撼，使他的性格坚韧起来，增加他所不具备的能力。

07 多说“我很棒”，做个有自信的人

自我肯定就像照进内心的阳光，缺少了它，成长的种子就会失去重要的能量来源。时常鼓励自己，可以增强自信，激发潜能。有时候，对自己说一句“我很棒”，就能让你充满前行的动力。

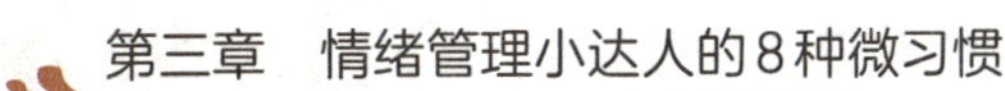

场景：果果家
人物：果果、果果爸爸

傍晚，果果如往常一样，回到家就开始写作业，邻居阿姨来串门，看到果果认真学习的样子，忍不住夸赞道：“果果这孩子，每天晚上都这么认真，作业完成得又快又好，太优秀了！”

果果听后，脸颊微红，不好意思地低下头，小声说道：“没有啦，阿姨，您说得我都不好意思了。”

爸爸把这一切都看在眼里。晚饭后，爸爸拉着果果坐在沙发上，笑着说：“果果，你每天都能高效完成作业，这是非常

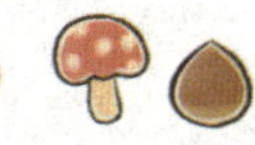

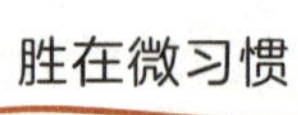

值得肯定的事情。你不用过分谦虚，要敢于肯定自己的优秀。”

爸爸告诉果果，当我们付出了努力并取得成果时，理应得到认可，包括自我认可。果果经常得到他人的夸奖，但她每次都很谦虚，这当然是一种优秀的品质。但很多时候，我们也要敢于肯定自己，否则我们可能会在潜意识里降低对自己的评价，影响自信心的建立，难以充分发挥自身的潜力。

爸爸接着建议：“你每天做完作业后，可以给自己一张奖励贴纸，这也是对自己的一种肯定。”果果觉得这个主意不错，高高兴兴地答应了。

果果开始每天给自己贴奖励贴纸，她看着一张张贴纸，心中充满成就感，这种成就感进一步激发了她的学习动力。在之后的日子里，她不仅在完成作业上保持高效，在课堂上也更加积极主动，成绩稳步提升。

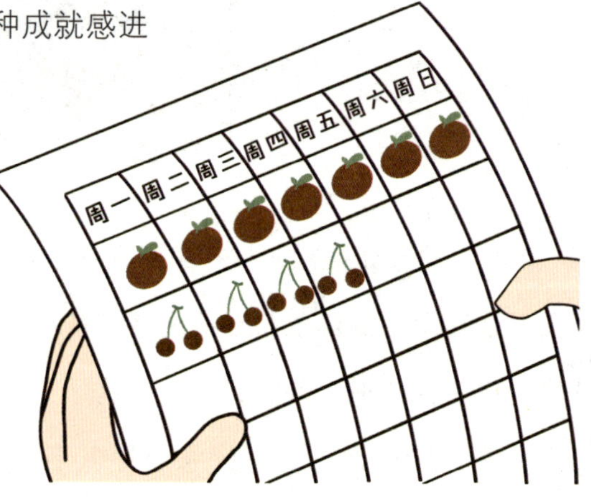

小结

自我肯定相当于给自己正面的心理暗示，当你告诉自己“我很棒”时，自信心便会油然而生。自信心是一股强大的力量，可以让我们勇敢地面对各种挑战。

大鹏一日同风起，扶摇直上九万里。

——李白《上李邕》

解读

诗人以大鹏自比，一旦时机来临，借助风力，就能乘风直上，翱翔于高空。诗句展现出诗人宏大的抱负与对自身能力的十足自信，认为自己拥有非凡的才能，终有一日能展翅高飞、实现理想。

08 多说“我决定”，做个有主见的人

一个人如果缺乏主见，就不会做选择。勇敢地表达自己的意见，是掌控人生的开始。它让我们在生活的舞台上成为主角，展现自己的风采。

这一天，班主任王老师将全班同学分成几个小组，让各个小组进行内部讨论，决定一个活动方案，再根据这个方案做一场有趣的活动。乐乐被指定为其中一组的组长，他既兴奋又紧张。

讨论开始了，组员们各抒己见，七嘴八舌地讨论着方案。这个说要这样，那个说那样更好，场面一度十分混乱。乐乐站在一旁，听着大家的争论，心里在默默盘算着。

时间一分一秒过去，大家还是无法达成共识，讨论也因此陷入了僵局。王老师注意到了这一组的情况，走过来对乐乐说："乐乐，你是组长，你可以发表意见，行使组长的权力！"

在小组讨论中，每个成员都有自己的想法固然很好，但如果没有人来整合大家的意见并做出决策，小组就难以形成统一的行动方向，不仅活动无法顺利进行，还会影响团队的凝聚力。

听了王老师的话，乐乐站起来大声说道：“我决定，我们先按照这个方案来试试……”组员们听到乐乐坚定的话语，都安静了下来。在大家的共同努力下，活动顺利完成了，并且取得了不错的效果。

敢于表达自己的意见，也是对个人能力的一种锻炼和提升。在不断表达和决策的过程中，我们的思维会变得更加敏捷，判断力也会不断得到锻炼。从那以后，乐乐变得更加自信、有主见，无论是在学习中还是生活中，都能勇敢地说出自己的想法。

小结

勇敢地表达自己的意见，多说“我决定”，就可以成为一个有主见的人。有主见的人能够清晰地表达自己的观点，为团队指明方向，带领大家共同前进。就像乐乐一样，当他勇敢地做出决定后，不仅解决了小组面临的问题，还让自己在团队中树立了威信。

孙伏伽直言进谏的故事

唐朝建立初期，需要稳定政权、完善制度。孙伏伽在武德初年就针对隋朝灭亡的教训，向唐高祖李渊进谏三事，即“开言路”“废百戏散乐”“为皇太子及诸王慎选僚友”。后来，他又为平定边防、减税赋等事频频上表献策，还请设“谏官”一职。唐太宗即位后，孙伏伽也多次进谏，有一次唐太宗要去打猎，孙伏伽认为打猎危险且无益，拉住马缰劝阻，甚至以死相谏。

解读

孙伏伽敢于针对国家大事和皇帝的行为，毫无保留地发表自己的看法和建议，不惧得罪皇帝和权贵，以国家和百姓的利益为重，坚持自己认为正确的观点。

DeepSeek 坏情绪“消消乐”

遇到不开心的事了，怎么消解坏情绪？用 DeepSeek 写心情日记吧

1. 记录心情，表达情绪

- 每天使用 DeepSeek 记录心情，可以用语音、文字、表情符号等方式表达。
- 描述当天发生的事情，以及自己的感受和想法。
- 为日记添加心情标签，例如：开心、难过、生气、害怕等。

2. 回顾分析，了解情绪

- 定期回顾心情日记，查看心情曲线图，了解自己的情绪变化规律。
- 思考哪些事情会让自己开心，哪些事情会让自己难过，学习识别情绪。

3. 学习技巧，管理情绪

- 阅读 DeepSeek 提供的情绪小测试、心理小知识等，学习情绪管理技巧。
- 尝试使用深呼吸、放松训练等方法调节情绪。

4. 趣味互动，快乐成长

- 完成 DeepSeek 设置的情绪管理小任务。
- 与朋友分享心情日记，互相鼓励，共同成长。

相信通过 DeepSeek 心情日记，同学们可以学会表达情绪、了解情绪、

管理情绪，健康快乐地成长！

应用案例：以下是一个果果使用 DeepSeek 写心情日记的例子。

日期：5 月 12 日

心情标签：😊 开心

日记内容

今天在学校里发生了一件让我特别开心的事情！作文课上，老师表扬了我，说我的想象力很丰富，还把我的作文读给大家听。同学们都为我鼓掌，我感觉自己像个小明星！放学后，我还和好朋友小明一起玩了篮球，我们配合得特别好，赢了好几次比赛。今天真是充满能量的一天！

DeepSeek 小提示

“开心的时候，记得和身边的人分享哦！这样快乐会加倍！”

日期：5 月 13 日

心情标签：😢 难过

日记内容

今天有点难过，因为数学考试没考好，只得了 75 分。我觉得自己已经很认真地复习了，但还是错了好几道题。放学后，我有点不想说话，妈妈问我怎么了，我告诉她后，她安慰我说：“没关系，下次努力就好！”可是我还是有点难过，觉得自己不够聪明。

DeepSeek 小提示

“每个人都会遇到挫折，难过是正常的！试试深呼吸，告诉自己：‘我可以做得更好！’”

日期：5 月 14 日

心情标签：😠 生气

日记内容

今天和大宝吵架了，因为他把我的铅笔弄断了，还说是我不小心。我特别生气，觉得他一点都不尊重我！后来我们俩谁也不理谁，一直到放学都没说话。回到家后，我冷静下来想了想，也许他也不是故意的。我决定明天和他说话，重新做回好朋友。

DeepSeek 小提示

“生气的时候，先深呼吸 3 次，数到 10，再想想怎么解决问题。与朋友和好是一件很棒的事情哦！”

DeepSeek 心情曲线图

↺ 5 月 12 日：😊 开心

↺ 5 月 13 日：😢 难过

↺ 5 月 14 日：😠 生气

DeepSeek 分析

“你的情绪变化很正常哦！开心、难过、生气都是我们生活的一部分。记得每天记录心情，学会管理情绪，你会越来越棒的！”

同学们，通过这样的日记记录，我们可以更好地表达情绪，同时借助 DeepSeek 的分析和建议，学会如何调节情绪，成为情绪管理的小能手！

第四章

独立生活小达人的 8 种微习惯

01 5 分钟家务启动法

你是否在做家务时不知道从哪里入手？不妨试试 5 分钟家务启动法。在短短 5 分钟的时间里，从整理屋子或房间的一角开始，让做家务不再是沉重的负担。

你们去过大宝家玩吗？走进大宝的卧室，就像走进了一个杂乱无章的小世界。书本横七竖八地散落在书桌上，地上扔着几张废纸，衣服也随意地堆在床上。之前，大宝还想着每隔一段时间就做一次全面的大扫除，把房间彻底收拾干净。不过，计划总是赶不上变化，每天的学习任务和各种娱乐活动占用了大部分时间，让他的打扫计划被一次次地推迟。

这一天，妈妈走进大宝的房间，看到房间里又是一片凌乱，忍不住皱起了眉头。妈妈对大宝说："大宝，你之前总念叨着要自己做家务，但总也不见你行动。要不，咱们试试 5 分钟家务启动法吧，一次只做 5 分钟家务，比如，咱们可以先把书桌整理干净。"

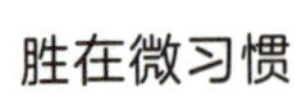

听了妈妈的建议，大宝决定从书桌开始。他给自己定了闹钟，设定时间为 5 分钟。大宝把书本分类摆放整齐，将不用的草稿纸扔进垃圾桶，接着用抹布仔细地擦桌面。5 分钟很快就过去了，原本杂乱的桌面变得非常整洁。尝到甜头的大宝在晚上睡觉之前的几个小时里面抽了好几个 5 分钟，分别整理了床铺、清扫了地面，他的房间就像刚做了一次大扫除一样，焕然一新。

5 分钟的时间非常短暂，让人觉得没有负担，可以轻松地迈出第一步。大宝喜欢上了 5 分钟家务启动法，这个方法让他告别了凌乱的卧室，甚至帮助他养成了随时整理物品的好习惯。过了一段时间，他再也不为大扫除而发愁了，而是利用零碎时间，每次只清理一个地方，这样就能始终保持房间的干净整洁。更让妈妈高兴的是，这种习惯也延伸到了生活的其他方面，大宝做事变得更有条理了，也更能合理地安排时间了。

小结

没有人可以一下子就把所有的事情都做好，家务也不例外。我们总是渴望一口气解决所有问题，得到完美的结果，但往往因为任务艰巨，心生畏惧，最终选择逃避。就像大宝总说想要一次性完成大扫除，但面对庞大的工作量，他总是打“退堂鼓”。如果我们换个思路，把一项大的任务拆解，每次专注做好一小部分，难度就会大大降低。而且，每次完成一小部分，我们就能持续获得成就感，激励自己继续行动。

拆解问题就像搭积木

- 先弄清大问题（如“作业太多”）
- 拆成小任务（分学科完成）
- 从最简单的开始，一步步解决，最后拼起来

别怕难，慢慢来！

02 坚持每天运动的好习惯

身体健康是做好一切事情的前提，而坚持每天运动则是拥有健康身体的秘诀。每天抽出一点时间运动，尤其是进行户外运动，能增强抵抗力和耐力，预防近视。

场景：公园

人物：大宝、大宝爸爸

清晨的阳光洒在公园的小路上，微风吹来，带来丝丝凉意。这一天，大宝和爸爸又来到公园锻炼。

在公园跑完步后，爸爸看着气喘吁吁的大宝，对他说："大宝，运动这件事可不能三天打鱼两天晒网，得坚持啊！你看你，最近这几天都没有运动，你的耐力就下降了。其实，每天只要抽出一点时间运动就行，比如，每天跳绳 3 分钟，睡前做几组仰卧起坐。"

大宝锻炼身体并不规律，兴致来了，他就在

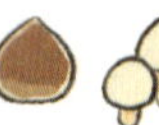

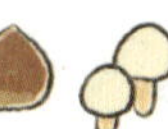

户外运动好久，一连踢球几个小时；没兴致的时候，他就整天窝在家里，连门都不出。

在爸爸的建议下，大宝制订了每天的运动计划。早上，他会在起床后做一些拉伸运动，舒展筋骨；下午放学后，他会在室外花 3 分钟的时间跳绳，增强心肺功能；晚上，睡前一小时左右，他会做几组仰卧起坐，锻炼腰腹肌肉。

规律的运动能给身体注入持续的活力。大宝坚持运动一段时间后，惊喜地发现自己的身体素质增强了，很少感冒。而且，他每天上学时也更有精神了，在课堂上注意力更加集中，学习效率也提高了。

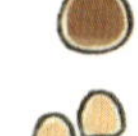

小结

运动需要稳定的节奏。如果不规律地运动，会让身体时而承受过大的压力，时而又处于懈怠状态，锻炼的效果就没办法得到保证。

03 自己的事情自己做

可别小看整理书包这件事，它是同学们独立生活的起点。自己动手，将物品分类，做好规划，这不仅是一种良好的生活习惯，还能培养责任感和独立性。

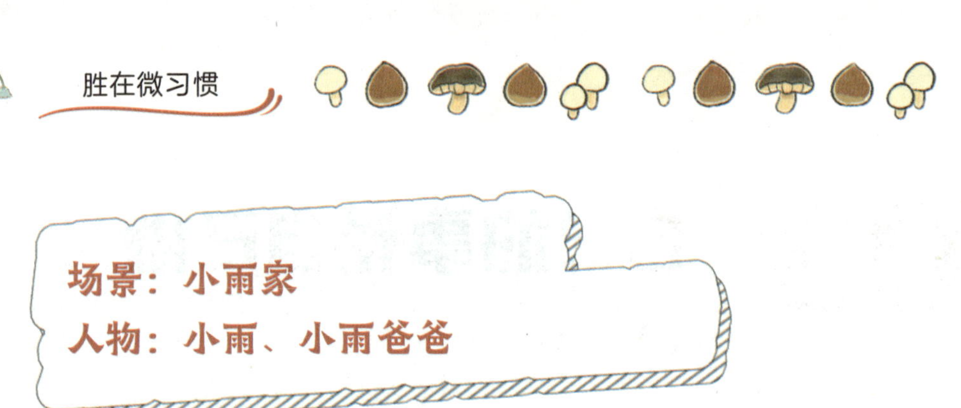

场景：小雨家

人物：小雨、小雨爸爸

每天晚上写完作业后，小雨总是不收拾课本和文具便跑去玩，等着爸爸妈妈帮他整理第二天要用的东西。

随着小雨升入高年级，爸爸意识到不能再这样下去了。一天晚上，爸爸走进书房，看到小雨又把书包随意地扔在一旁，便坐在他身边说：“小雨，从今天起，你要学着自己整理书包，写完作业后对照课程表，把第二天要用的东西准备好。你可以做到吗？”小雨有些不情愿，但还是点了点头。

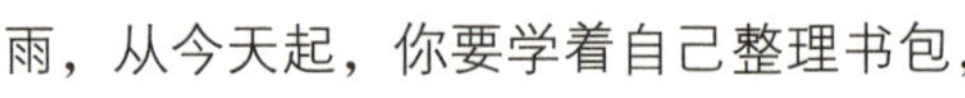

很多同学都像小雨一样，长期依赖

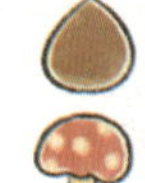

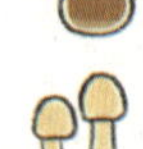

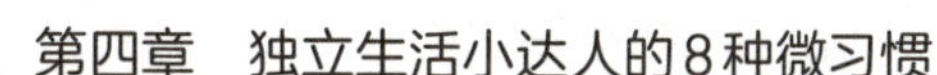

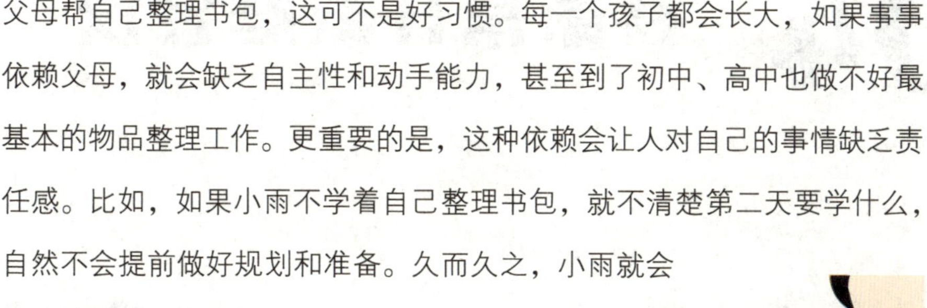

父母帮自己整理书包，这可不是好习惯。每一个孩子都会长大，如果事事依赖父母，就会缺乏自主性和动手能力，甚至到了初中、高中也做不好最基本的物品整理工作。更重要的是，这种依赖会让人对自己的事情缺乏责任感。比如，如果小雨不学着自己整理书包，就不清楚第二天要学什么，自然不会提前做好规划和准备。久而久之，小雨就会陷入被动学习的状态。

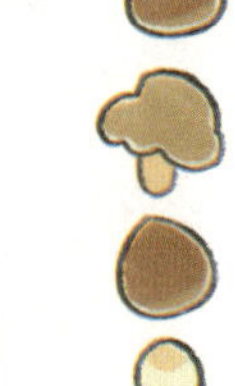

从那一天开始，小雨按照爸爸的要求自己整理书包。刚开始，他手忙脚乱，不是落下课本，就是找不到学具。但过了一段时间，他就越来越熟练了。每天写完作业，他会认真对照课程表，将课本、作业本、文具一一整理好，整齐地放进书包里。

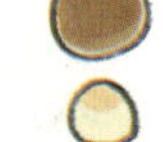

自己整理书包，不仅是为了养成良好的生活习惯，更是为了形成对自己的事情自己负责的观念。小雨开始自己整理书包后，他对第二天的学习内容更清楚了，知道自己需要做哪些准备，这让他在学习上更加主动。

小结

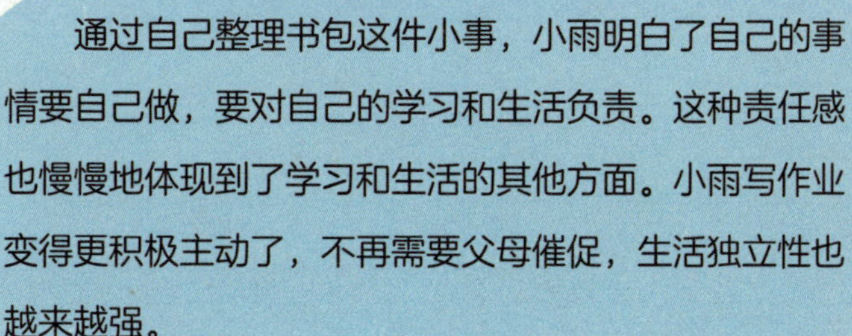

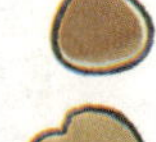

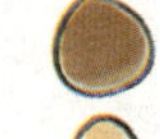

通过自己整理书包这件小事，小雨明白了自己的事情要自己做，要对自己的学习和生活负责。这种责任感也慢慢地体现到了学习和生活的其他方面。小雨写作业变得更积极主动了，不再需要父母催促，生活独立性也越来越强。

04 我家常开家庭会议

在家庭会议中，所有人都可以畅所欲言，这可以让家庭关系更和谐，营造充满爱与理解的家庭氛围。

场景：娜娜家

人物：娜娜、娜娜爸爸、娜娜妈妈

娜娜有一个温馨的家，但家人之间也免不了发生一些小摩擦。比如，周末看电视时，娜娜想看动画片，爸爸却想看新闻节目；临近期末了，娜娜想多一些休息时间，但爸爸妈妈觉得她应该花更多的时间来复习功课；在运动这件事情上，娜娜不愿按照爸爸妈妈的要求定期锻炼。每次有了分歧，娜娜都不愿让步，家里的气氛就会变得有一些紧张。

有一天，娜娜因为学习任务怎么安排的事情跟爸爸闹脾气，爸爸想了一下，提议道：“咱们开个家庭会议吧。以后咱们可以定期开家庭

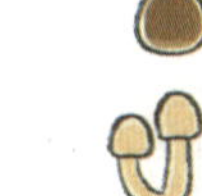

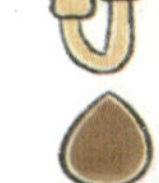

会议，如果大家对同一件事情有不同的看法，咱们可以一起讨论。”娜娜听了表示赞同，妈妈也点点头。

娜娜正处在不断成长的过程中，她的想法和需求每天都在变化，如果没有合适的方式和爸爸妈妈沟通，爸爸妈妈就难以了解她内心的真实想法，也没办法提供正确的引导和支持。

家庭会议开始了，在讨论看电视的问题时，娜娜率先发言：“我觉得周末可以给我留一个小时的时间看动画片，平时我就不看了。”爸爸妈妈听后，也提出了自己的想法，最后爸爸妈妈决定按娜娜说的办。至于期末复习，娜娜承诺会合理安排时间，提高效率，爸爸妈妈也表示会给她空出足够的休息时间。在定期运动方面，全家决定每周一起去公园跑步两次。

因为讨论的气氛很热烈，爸爸顺势提出了学习任务怎么安排更合理的问题，娜娜、妈妈都发表了自己的意见，最终全家人都达成了一致。

小结

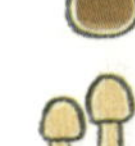

像娜娜家这样，通过家庭会议，让每个人都有机会表达自己的想法和感受。倾听他人的意见，可以让家庭成员学会理解和包容，许多矛盾就迎刃而解了。

05 爱用打卡器

打卡器很常见，也很不起眼，但用好了，它就不仅是一个记录工具，更是一位成长的见证者。用它记录每天的成果，呈现努力的轨迹，可以让我们收获满满的成就感。

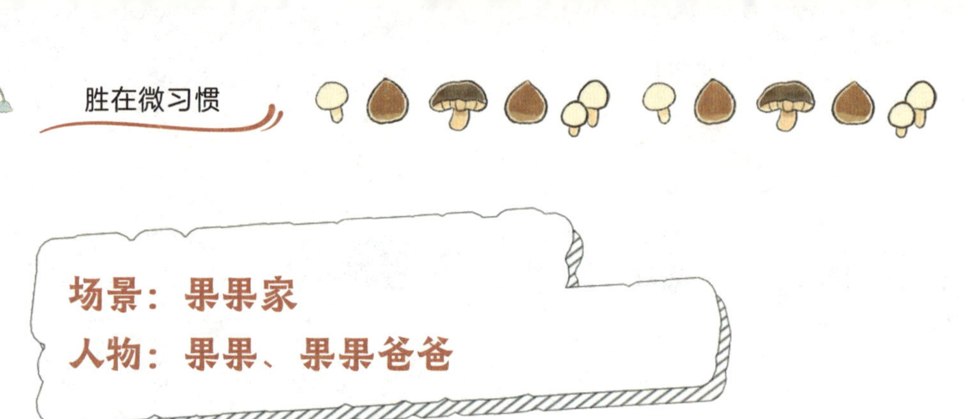

晚饭后，果果一家闲聊起来。爸爸不经意间提到：“今天上班打卡差点就迟到了。”果果满脸好奇，连忙问：“爸爸，什么是打卡呀？”爸爸耐心地解释：“打卡就是记录你上班的时间。”果果听完眼睛一亮，兴奋地说：“我也可以天天打卡！”爸爸灵机一动，决

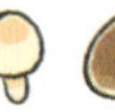

定和果果一起制作一个属于她的打卡器。

爸爸上班用的打卡器是用来记录上下班时间的，而果果用的打卡器是用来记录她每天学习和生活中的各种成果的。

爸爸和果果一起动手，用硬纸板制作了一个简单却非常实用的打卡器。在这个手工制作的打卡器上，每天对应着一个小方格，用来记录当天的成果。从那以后，果果每天都会认真地在打卡器上记录。完成作业后，她会在对应的小方格里画上一颗小星星；背诵完课文，她又会画上一个小笑脸。

有了打卡器上的记录，果果只要拿过来看一下，就能清楚地知道自己在哪一天学习效率高，在哪一天学习成果多。它就像一面镜子，让果果清晰地看到自己的努力和不足之处。而且，记录的过程也是一种自我激励，看着打卡器上满满的记号，果果心里充满成就感，这促使她更加积极主动地学习。后来，果果每天不仅记录当天的成果，还写下明天要做的事情，她的学习和生活变得更有规划了。

在打卡器的陪伴下，果果逐渐养成了良好的学习习惯，学习成绩也稳步提升。这个小小的打卡器成了果果的好朋友，见证了她的成长与进步。

小结

生活犹如一场漫长的旅程，如果不留下足迹，那些曾经付出的努力、取得的进步，都可能在时间的洪流中被渐渐抹去。我们如果记录每天的学习成果，就可以看到自己的成长轨迹，知道自己把时间和精力花在了什么地方，从而有效地调整自己的状态和计划。

凡事预则立，不预则废。

——《礼记·中庸》

解读

做任何事情，没有事先的计划和准备，就很难成功。这句话强调了规划和准备的重要性。

06 自主规划学习和生活

我们要规划好学习和生活，把握松弛度。假期不仅是放松的好时机，也是成长的黄金期，关键要做好自主规划。让我们合理地安排时间，平衡好学习与娱乐，为新学期积蓄更多能量。

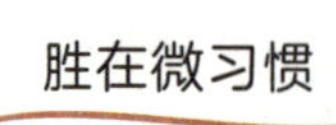

场景：小雨家

人物：小雨、小雨妈妈

刚放暑假那几天，小雨彻底放飞自我，天天看动画片、打游戏，玩得不亦乐乎，完全没有时间观念，作息完全乱了套。他的房间里一片狼藉，书本随意散落。

看着懒散的小雨，妈妈心里满是担忧。午饭过后，妈妈对他说：“小雨，暑假里你不能这么毫无规划地过下去，你得自己做计划，合理安排每天的娱乐、学习

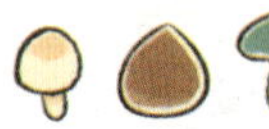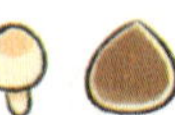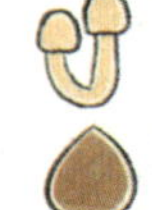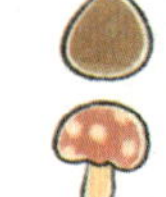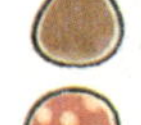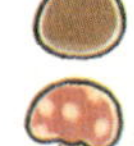

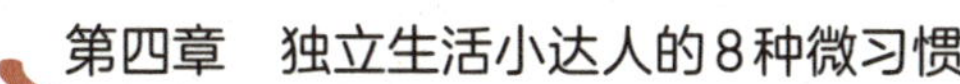

和运动时间。”

小雨在刚放假的头几天毫无节制地放纵自己，不仅身体变得疲惫不堪，精神状态也不好。而且，如果他整个假期都这样没有规律地生活，可能会养成一堆坏习惯，也会影响开学后的状态。

在妈妈的帮助下，小雨开始认真规划自己的暑假。他拿出纸笔，仔细思考后，制定了一张详细的日程表。小雨是这样规划的：每天上午安排两个小时用于学习，如预习下个学期的知识，完成暑假作业；下午预留一个小时进行户外运动，如打篮球、骑自行车；晚上则安排一个小时阅读课外书，拓宽知识面，剩余时间可以用于娱乐。看到小雨做出的规划，妈妈终于放下心来。

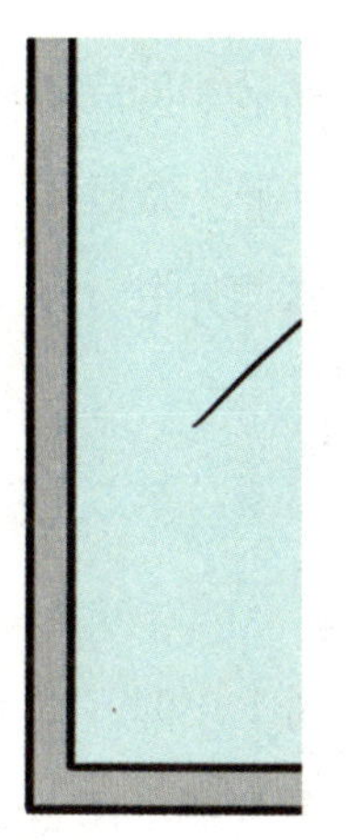

在这个暑假里，小雨严格按照自己做的规划学习、运动、娱乐，每天都过得充实而有意义。他的学习没有落下，运动让他的身体更加强壮，阅读丰富了他的内心世界。等到开学时，小雨已经不再是那个毫无规划、任性放纵的孩子，他有了很大的进步。他学会了自我管理，合理安排时间，懂得了自律的重要性。在这个暑假，因为有了规划，小雨有了显著的进步。

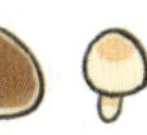

小结

放假并不意味着彻底放松，自主也不等于任性而为。虽然假期确实是放松的好时机，但同样需要做适当的规划。

小学生暑假规划

1. 学习提升

- 每日作业：每日安排 1 ~ 2 小时完成暑假作业，避免开学前突击写作业。上午做语文作业，下午做数学作业。
- 阅读拓展：每周阅读一本课外书，如《小王子》等，读完绘制思维导图或写简短的读后感。
- 兴趣拓展：根据自己的兴趣，可以选择绘画课、音乐课等。

2. 健康生活

- 运动锻炼：每天户外运动 1 小时。早上跳绳，下午打羽毛球。
- 规律作息：每晚 9 点半前入睡，早上 7 点半左右起床，中午午休 1 小时。

3. 娱乐休闲

- 游戏时间：每天用 30 ~ 45 分钟玩益智类游戏，如拼图、数独游戏等。

4. 社会实践

- 家务劳动：每周 2 ~ 3 次，负责扫地、洗碗、整理房间等。
- 社区活动：参加 1 ~ 2 次社区活动，如环保宣传等。

07 睡前阅读时光

同学们，建议大家每晚睡前阅读 20 分钟，让知识悄然沉淀，让心灵得到滋养。在拓宽视野的同时，睡前阅读也能让你睡个好觉。

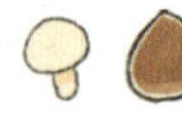

场景：图书馆、乐乐家

人物：乐乐、乐乐爸爸

阳光透过窗户，洒在图书馆的书架上。乐乐和爸爸正穿梭在书架间，挑选着心仪的图书。爸爸希望乐乐养成良好的阅读习惯，所以经常带他来图书馆。但是，乐乐对阅读的热情如同六月的天气，时冷时热。他有时兴致大发，沉浸在书的世界里，连作业都抛在脑后；有时却没有兴致，连续好多天都想不起翻开书本。

爸爸对乐乐说："乐乐，阅读是一件需要持之以恒的事情，咱们得养

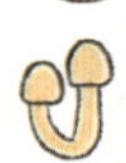
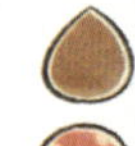

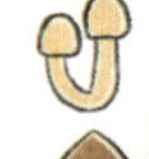
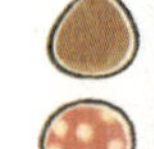

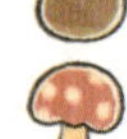

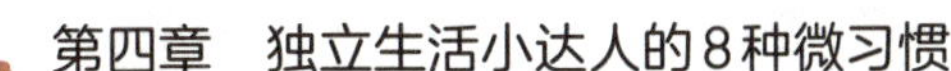

成每天在固定时间阅读的习惯。”乐乐说每天都阅读也太累了，自己有时候并不想看书。爸爸告诉他，只有长期坚持，才能有所收获。

在爸爸的指导下，乐乐学会了怎样在图书馆借书，还自己做了一份阅读清单。他决定每晚睡前阅读 20 分钟。起初，这 20 分钟对乐乐来说有些漫长，可过了一段时间之后，他就渐渐地感受到了乐趣，沉浸于其中。

乐乐坚持每天睡前阅读一段时间后，发现自己的知识储备量明显地增加了。他从书中了解到了世界各地的风土人情，学习到了有趣的科学知识，还被故事中的人物精神所鼓舞。阅读不仅让他的写作水平得到了提高，还让他在与同学的交流中更加自信，他的视野也变得更加开阔。借助睡前阅读时光，乐乐打开了一扇通往知识宝库的大门。

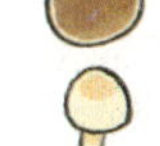

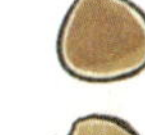

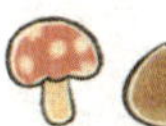

小结

阅读就像一场漫长的旅行，每一本书都是途中的一道风景。如果只是偶尔踏上旅程，走马观花，就很难领略到其中的美妙。书中的智慧需要时间去沉淀、去领悟，只有日复一日地坚持阅读，才能让智慧在心中生根发芽。

亲子睡前阅读法

营造氛围：调暗卧室的灯光，播放轻柔舒缓的音乐，在舒适安静的环境中放松身心。

阅读过程：家长可以和孩子一起阅读。如果孩子识字量少，家长可以大声朗读，在朗读时请注意语调的抑扬顿挫，模仿不同角色的声音，让故事更生动；如果孩子识字量多，可尝试亲子共读，一人一段交替进行，增强互动性。在阅读过程中，遇到有趣的情节，家长可以停下来和孩子简单地交流感受。

总结回顾：读完后，花 3 ~ 5 分钟和孩子一起回顾故事内容，锻炼孩子的思考能力和表达能力。

08 我是小小理财家

理财可不是专属于大人的事情，孩子也可以学习理财。合理地规划零花钱，分清“想要”和“必要”，不仅可以从小培养财商，还可以为未来的生活做好准备。

场景：娜娜家

人物：娜娜、娜娜妈妈

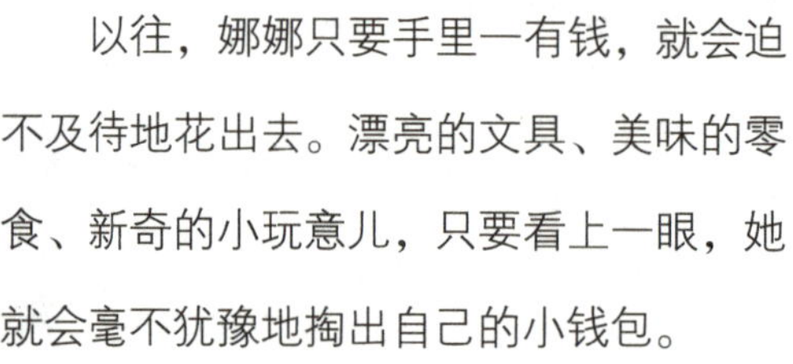

以往，娜娜只要手里一有钱，就会迫不及待地花出去。漂亮的文具、美味的零食、新奇的小玩意儿，只要看上一眼，她就会毫不犹豫地掏出自己的小钱包。

随着娜娜升入高年级，妈妈意识到该培养她的理财意识了。一天，妈妈把娜娜叫到身边，对她说："娜娜，你现在长大了，得学会管理自己的钱。从现在起，你要做好记录，看看钱都花到哪儿去了，分清哪些是'必要'的，哪些是'想要'的。"娜娜听后，似懂非懂地点点头。

像娜娜一样有了钱就随便花，可不是什么好习惯。娜娜手里的钱是爸

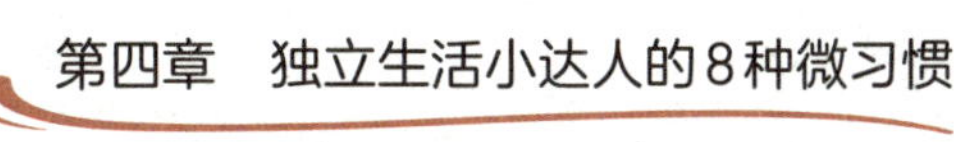

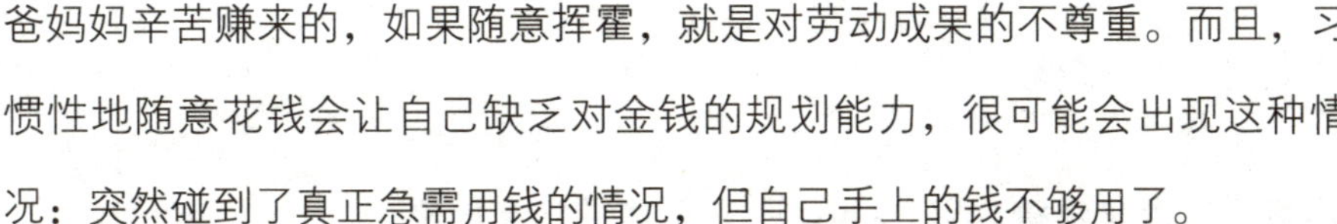

爸妈妈辛苦赚来的，如果随意挥霍，就是对劳动成果的不尊重。而且，习惯性地随意花钱会让自己缺乏对金钱的规划能力，很可能会出现这种情况：突然碰到了真正急需用钱的情况，但自己手上的钱不够用了。

娜娜开始按照妈妈的建议行动。她准备了一个小账本，每花一笔钱，都详细地记录下来。一段时间后，她惊讶地发现，自己买了很多其实并不需要的东西。她逐渐学会了分辨“必要”和“想要”，比如，学习用品属于“必要”，而一些仅仅是为了满足一时兴趣的小饰品则属于“想要”。

小结

理财并不是大人的专利，即便是小学生，也要具备一定的理财观念，清楚该把钱花在何处，如何合理消费。娜娜通过培养理财意识，不仅不再乱花钱，还对自己的消费有了清晰的认识。当她面对琳琅满目的商品时，不再盲目冲动，而是冷静思考自己是否真的需要。

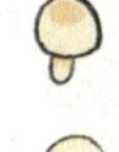

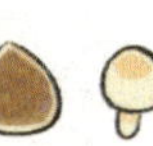

DeepSeek 自律难题"消消乐"

学习生活没有规律？用 DeepSeek 帮你"打卡日常"

1. 设定目标

- 讨论并设定学习和生活目标，例如：每天阅读 30 分钟、每周运动 3 次、每天整理书包等。
- 将目标分解成具体的打卡任务，并设置提醒时间。

2. 每日打卡，记录成长

- 每天完成任务后，在 DeepSeek 上打卡。

3. 跟踪进度，及时调整

- DeepSeek 会记录你的打卡进度，生成可视化报告。
- 你可以查看自己的打卡情况，了解在哪些任务上完成得好，在哪些任务上还需要努力。
- 根据打卡数据，及时调整目标和计划，确保目标的实现。

4. 分享成果

- 可以将自己的打卡成果分享给家人、朋友，获得鼓励和支持。
- 与小伙伴一起制订打卡计划，互相监督，共同进步。

5. 分析数据，发现自我

- DeepSeek 会分析你的打卡数据，帮助你发现自己的优势和不足。例如：你可能在阅读方面表现突出，但在运动方面需要加强。